·艺术舒压涂绘·
在国王的院子里
Art·thérapie
适用于彩色水笔和铅笔

［法］杰拉德林·梅奥◎绘　于玲玲◎译

重庆出版集团　重庆出版社

Copyright

Art thérapie A la cour du Roi,100 coloriages anti-stress,Copyright © 2014

Hachette-Livre(Hachette Pratique).Illustrations: Géraldine Méo

版贸核渝字（2015）第227号

图书在版编目（CIP）数据

在国王的院子里 /（法）杰拉德林·梅奥绘；于玲玲译.—重庆：重庆出版社，2017.3

书名原文：Art thérapie A la cour du Roi

ISBN 978-7-229-11835-8

Ⅰ.①在…　Ⅱ.①杰…　②于…　Ⅲ.①心理压力—调节（心理学）—通俗读物　Ⅳ.① B842.6-49

中国版本图书馆 CIP 数据核字 (2016) 第 290784 号

在国王的院子里
ZAI GUOWANG DE YUANZI LI

[法] 杰拉德林·梅奥　绘　于玲玲　译

责任编辑：钟丽娟
责任校对：朱彦谚
装帧设计：刘沂鑫

重庆出版集团
重庆出版社　出版

重庆市南岸区南滨路162号1幢　邮编：400061　http://www.cqph.com
重庆出版社艺术设计有限公司制版
重庆市国丰印务有限责任公司印刷
重庆出版集团图书发行有限公司发行
E-MAIL:fxchu@cqph.com　邮购电话：023-61520646

全国新华书店经销

开本：889mm×1194mm　1/16　印张：8　字数：80千
2017年3月第1版　2017年3月第1次印刷
ISBN 978-7-229-11835-8
定价：39.80元

如有印装质量问题，请向本集团图书发行有限公司调换：023-61520678

版权所有　侵权必究

凡尔赛的颜色
Les couleurs de Versailles

　　我们玩一次穿越，来凡尔赛的庭院和宫殿看看，这里曾经流连徜徉着著名的三大国王：路易十四、路易十五和路易十六。城堡的大门为你缓缓而开，这座被称为法国古典艺术瑰宝的宫殿里所有的点点滴滴，都将属于你，一个人。勒诺特大师倾力打造的全景透视构图：小湖泊、浪漫的灌木，以及树林掩映下的林荫大道，这些原本是国王才能享受的美景，现在全部都在你头脑中。宫廷房间的装饰、墙纸上优雅的线条图案、地毯、壮观的镜厅和大师绘制的穹顶，这些全都由你来重新装饰。音乐袅袅，无处不在。

　　在王后玛丽·安托瓦内特独爱的小特里亚农领地，你可以随意漫步，那里的小天使们任意游走在爱神的宫殿上，而小村庄遗世独立，悠然自得，每一个角度都是一幅臻美的田园风景。

　　这位王后还是一位时尚狂人，她着迷与时尚相关的一切，丝绸，棉，条纹，缀花，蕾丝，薄纱，米拉波的袜带，缀满宝石、彩带翩翩的鞋子，手套，香扇，鹅毛笔，宽檐帽，还有她为之不能自已的各式假发。因此，在她的宫殿里，被称为时尚大臣的发型师雷奥纳和服装设计师露丝·贝尔丹，毫无疑问成为了她的近臣亲信。

　　关于这位皇后的野史诸多，绝大多数付诸笔墨于她琳琅满目的衣橱，自18世纪以来的色彩、染色的发展上，她功不可没。王后选色大胆，这得益于那个时代新色素的出现。也是从那个时候开始，在描述颜色的词汇中，文人墨客的想象力一发不可收拾了。举几个例子：跳蚤和它的小伙伴们（指的是没黑色黑，比棕色深的颜色）、王后的头发（指金色中带灰）、国王的眼睛（亮灰色）、放肆的泪水、沉重的叹息、动情的仙子的长腿、柔和的硫黄、金丝雀的尾巴、巴黎沼泽、话梅等等，造词巧妙生动，幽默感十足。

　　拿起简单的彩笔和马克笔，你就可以开始重建凡尔赛，再现一座辉煌而韵味无穷的宫殿。

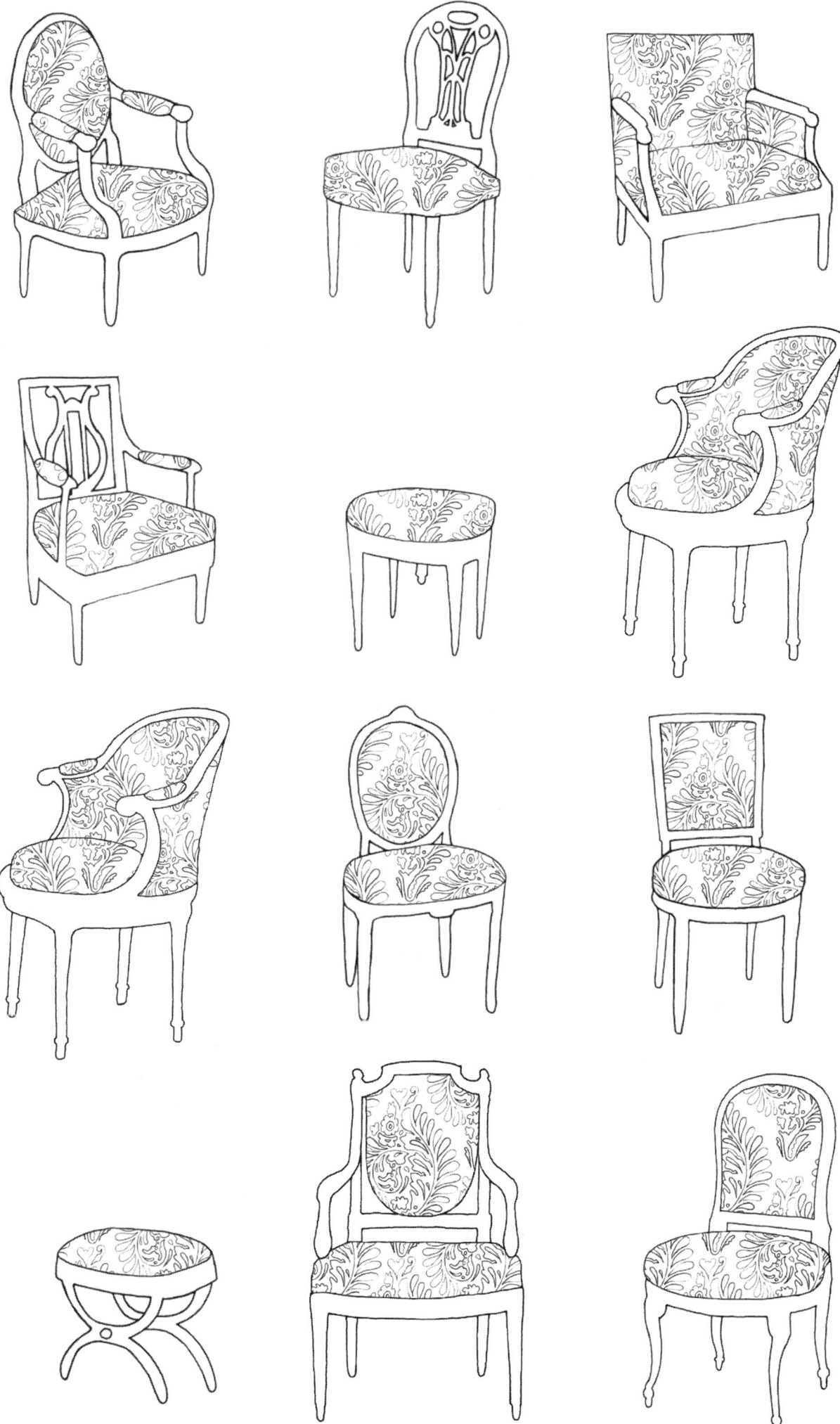

Dessinez vos médaillons d'amour...

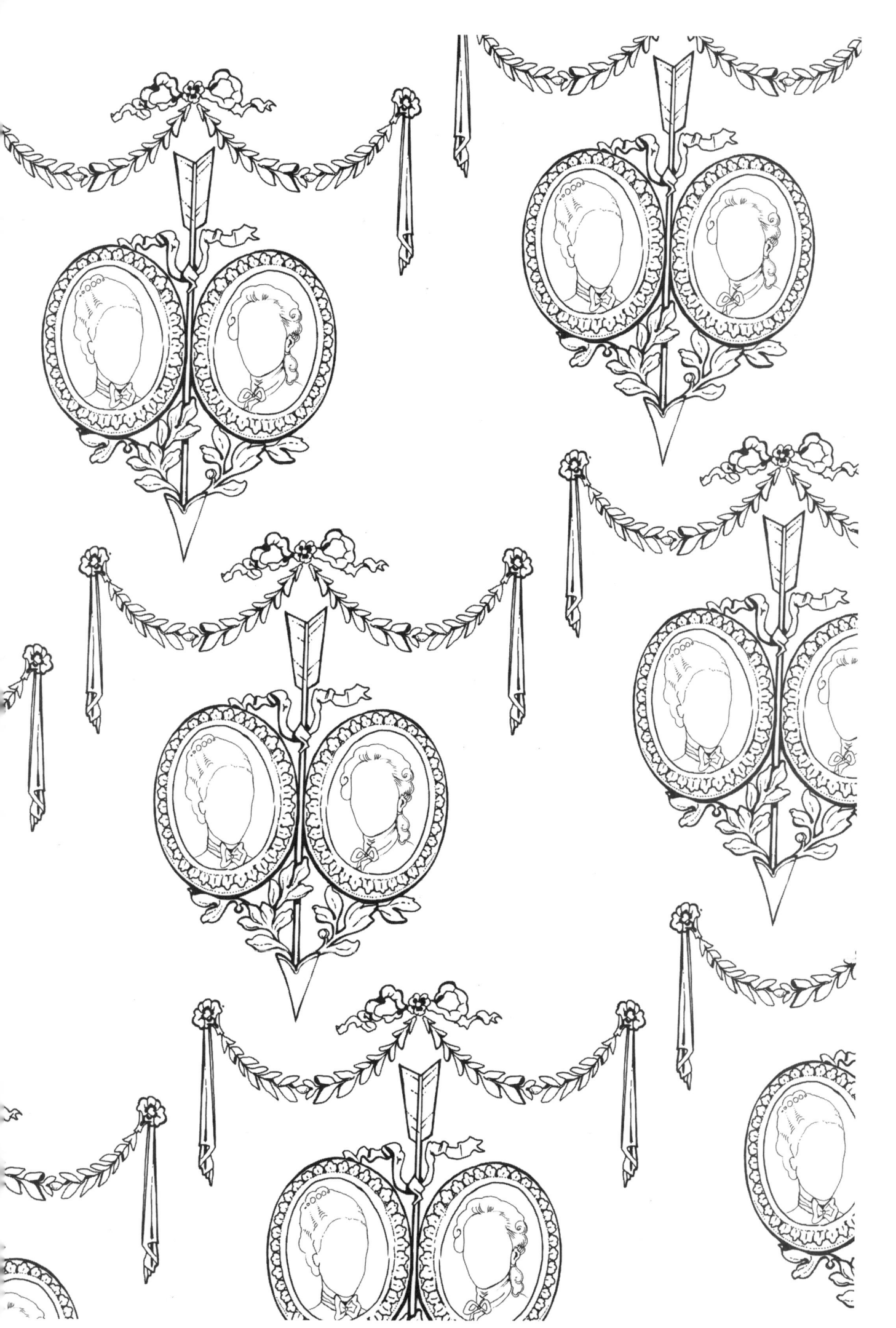

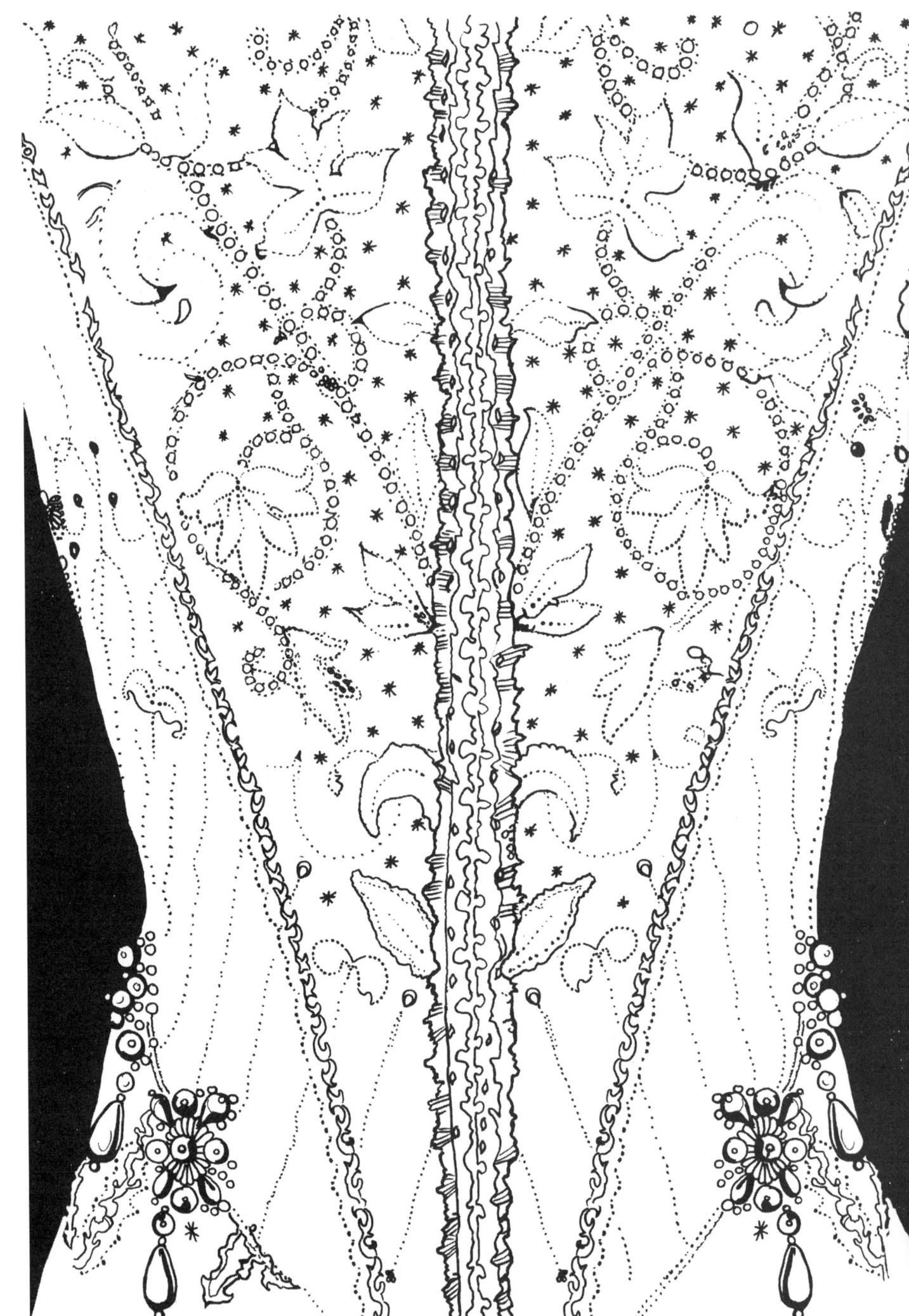

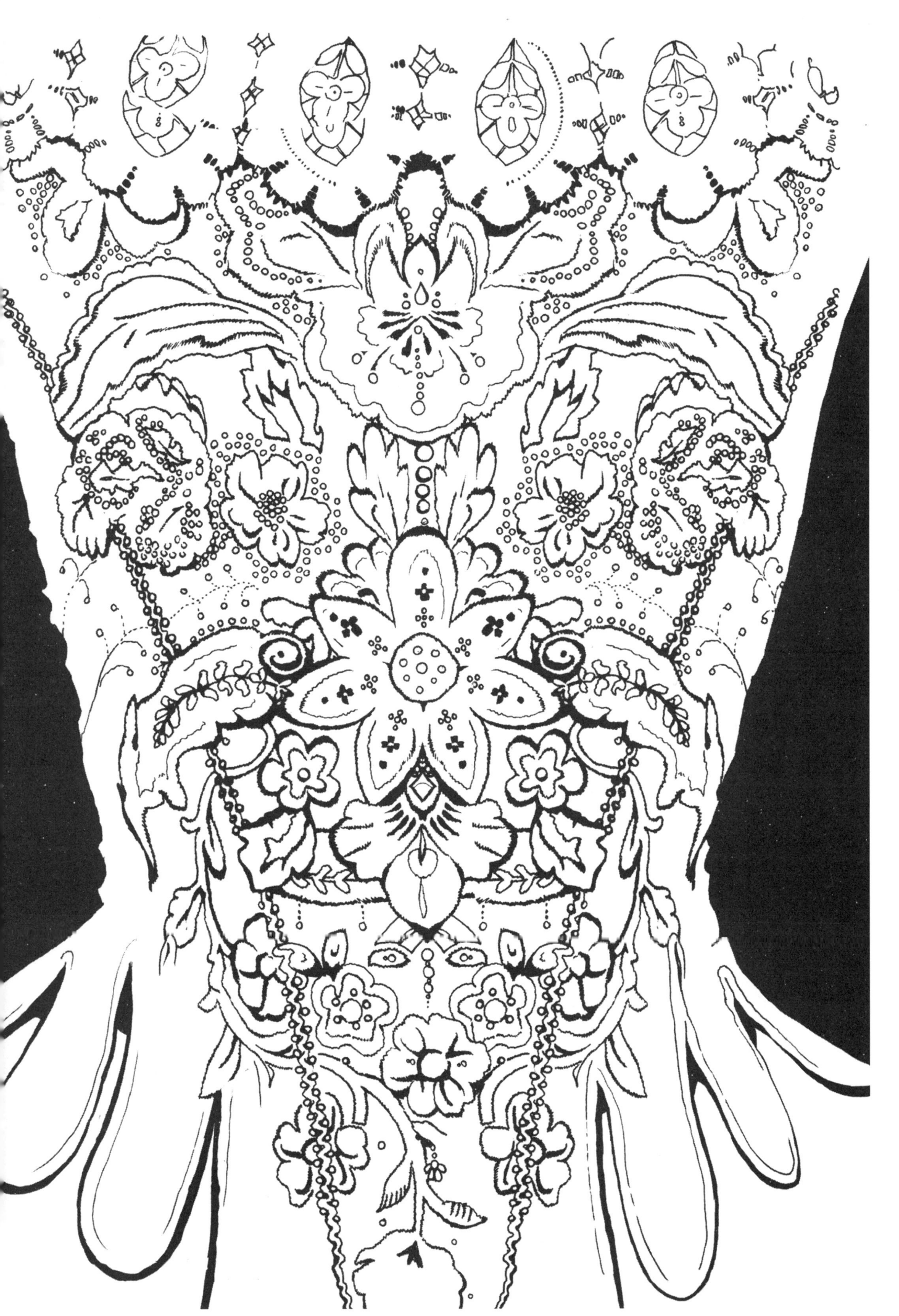

Imaginez une coiffure pour un bal masqué.

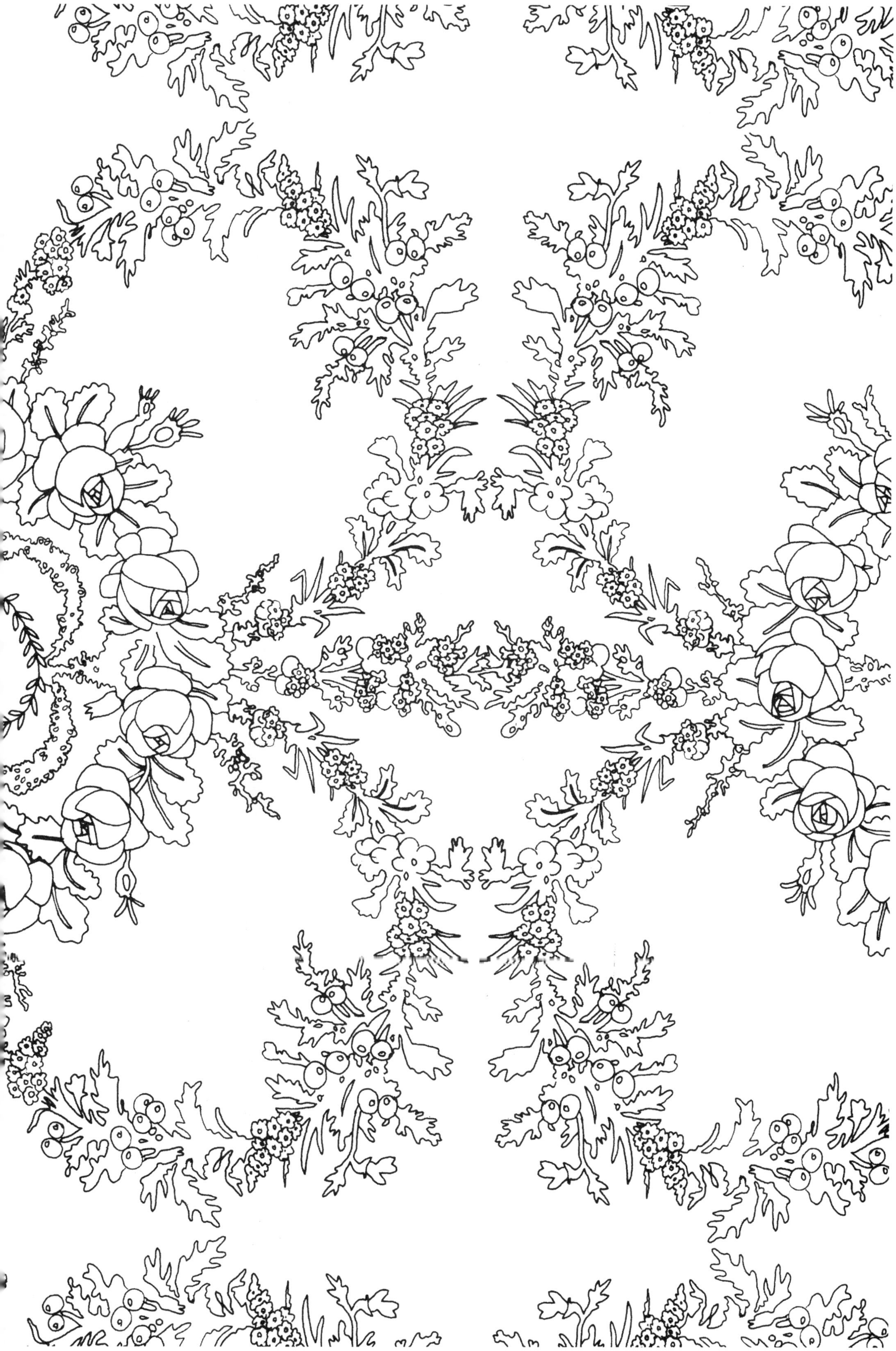

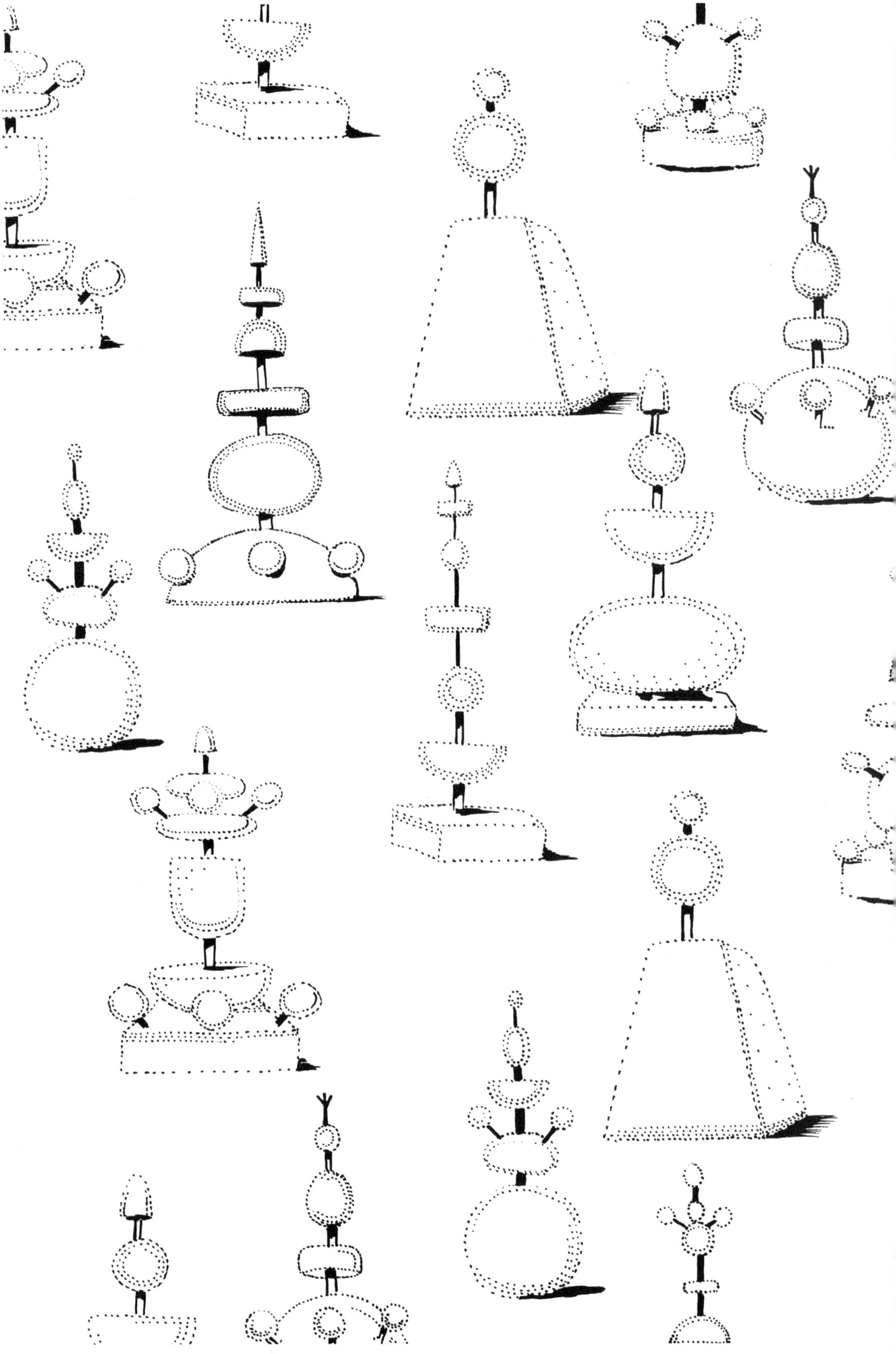

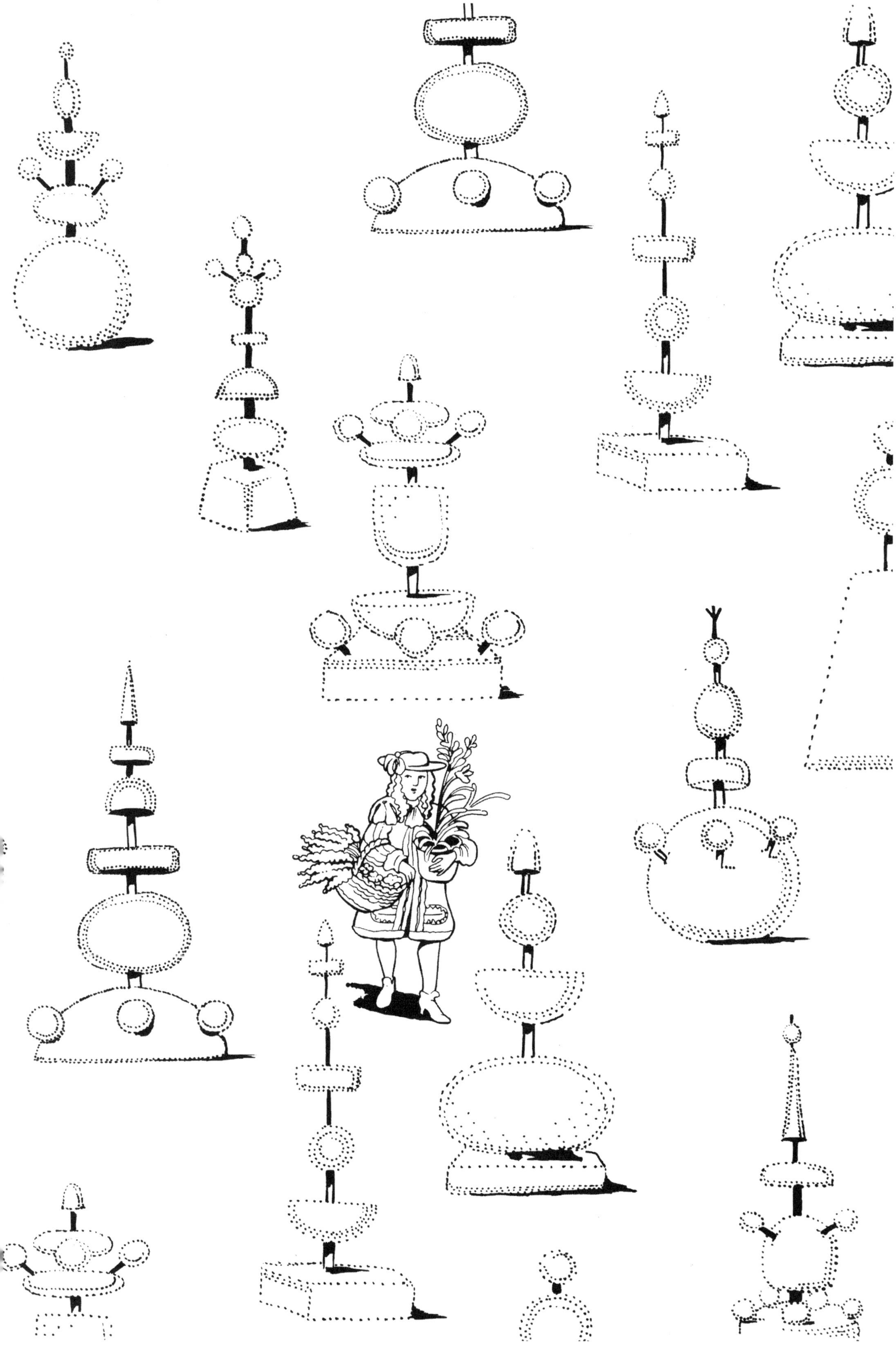

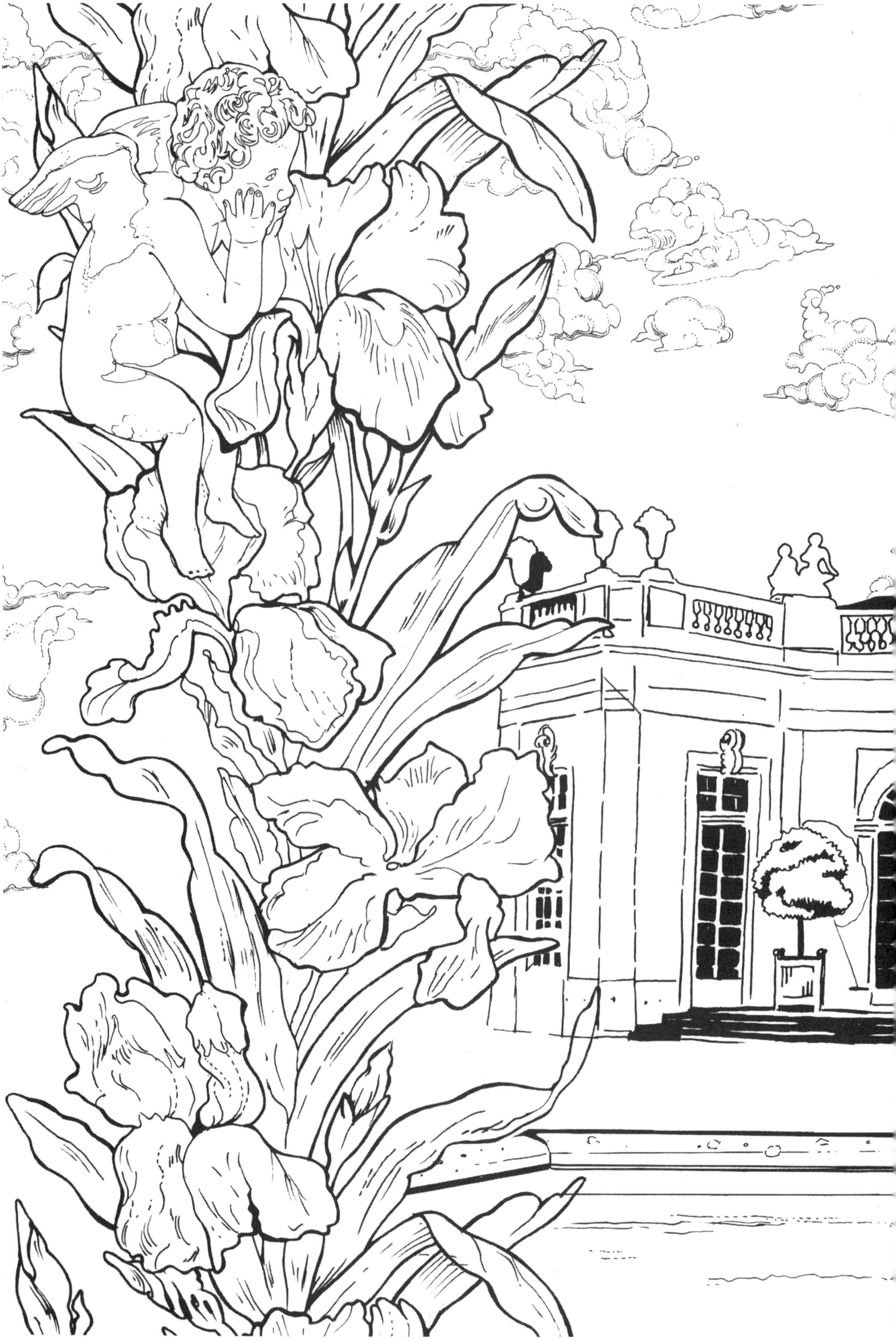

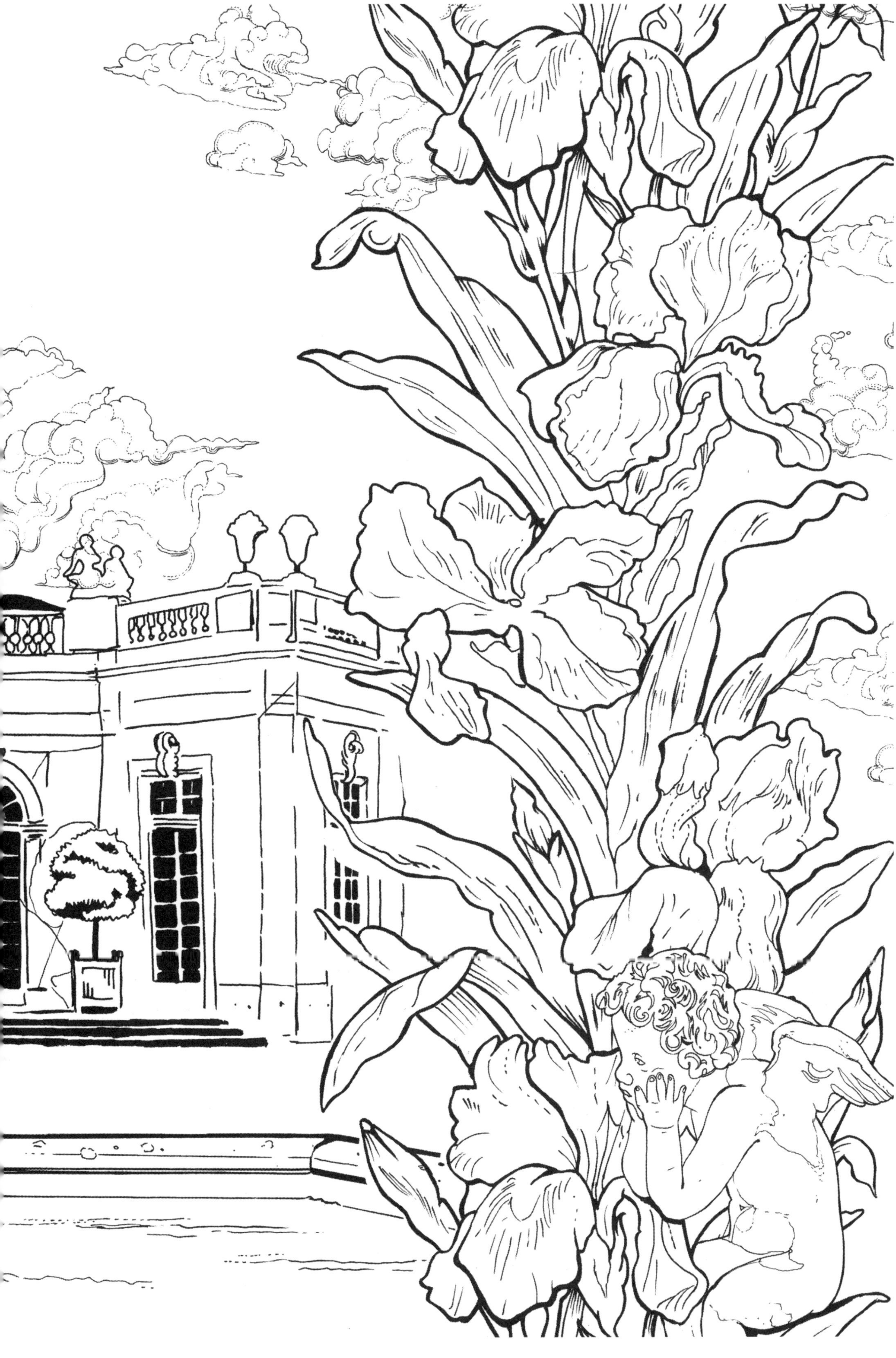

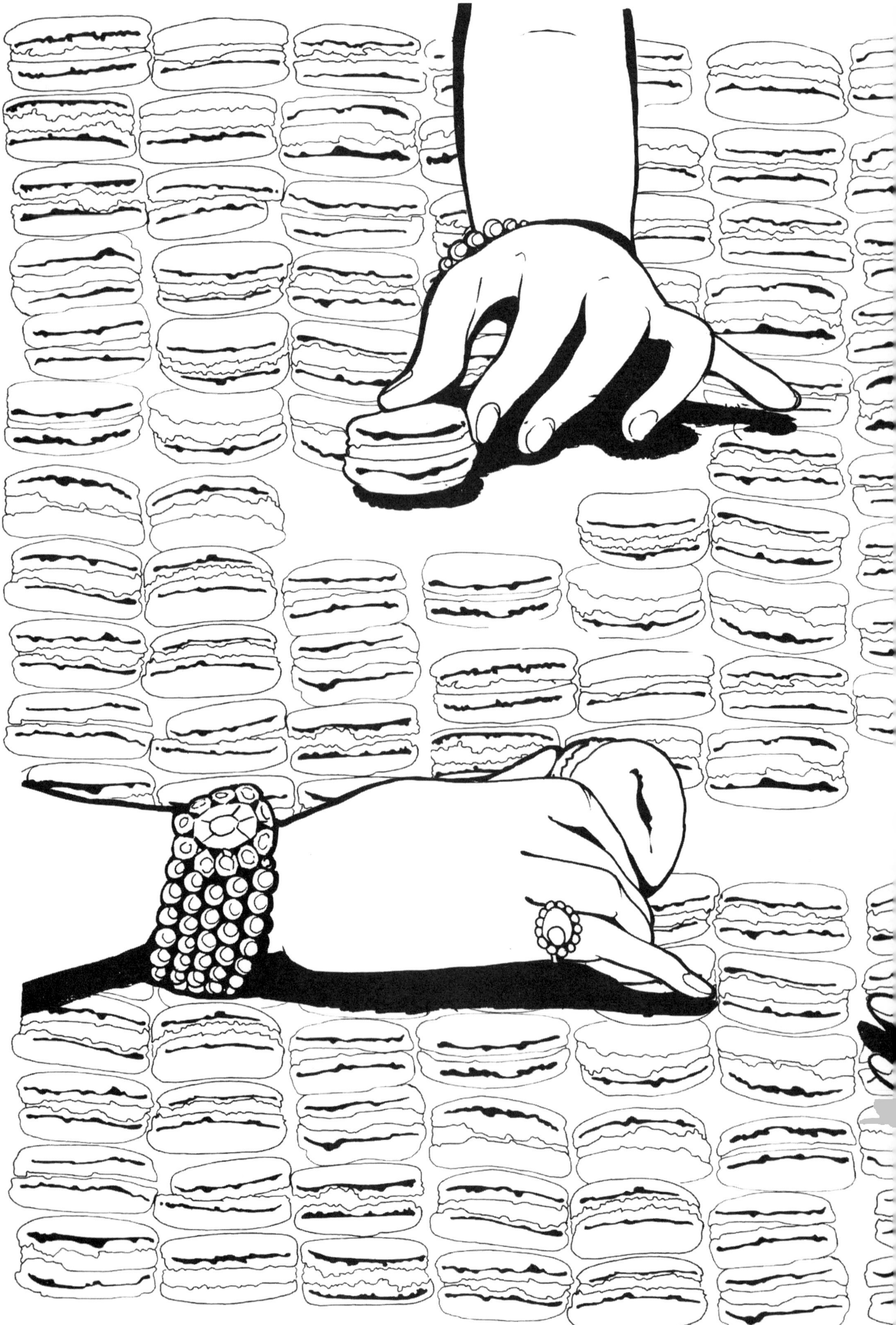

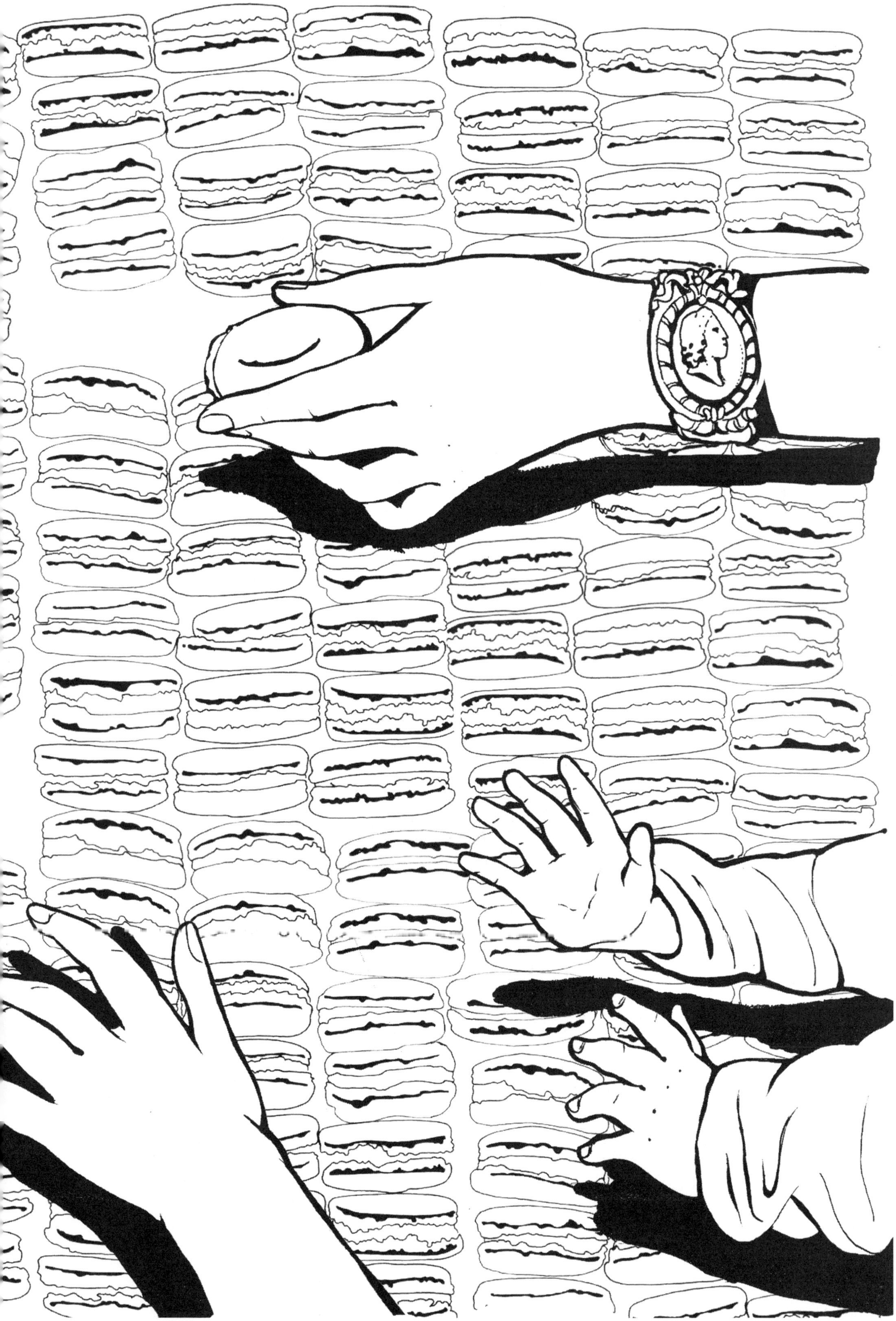

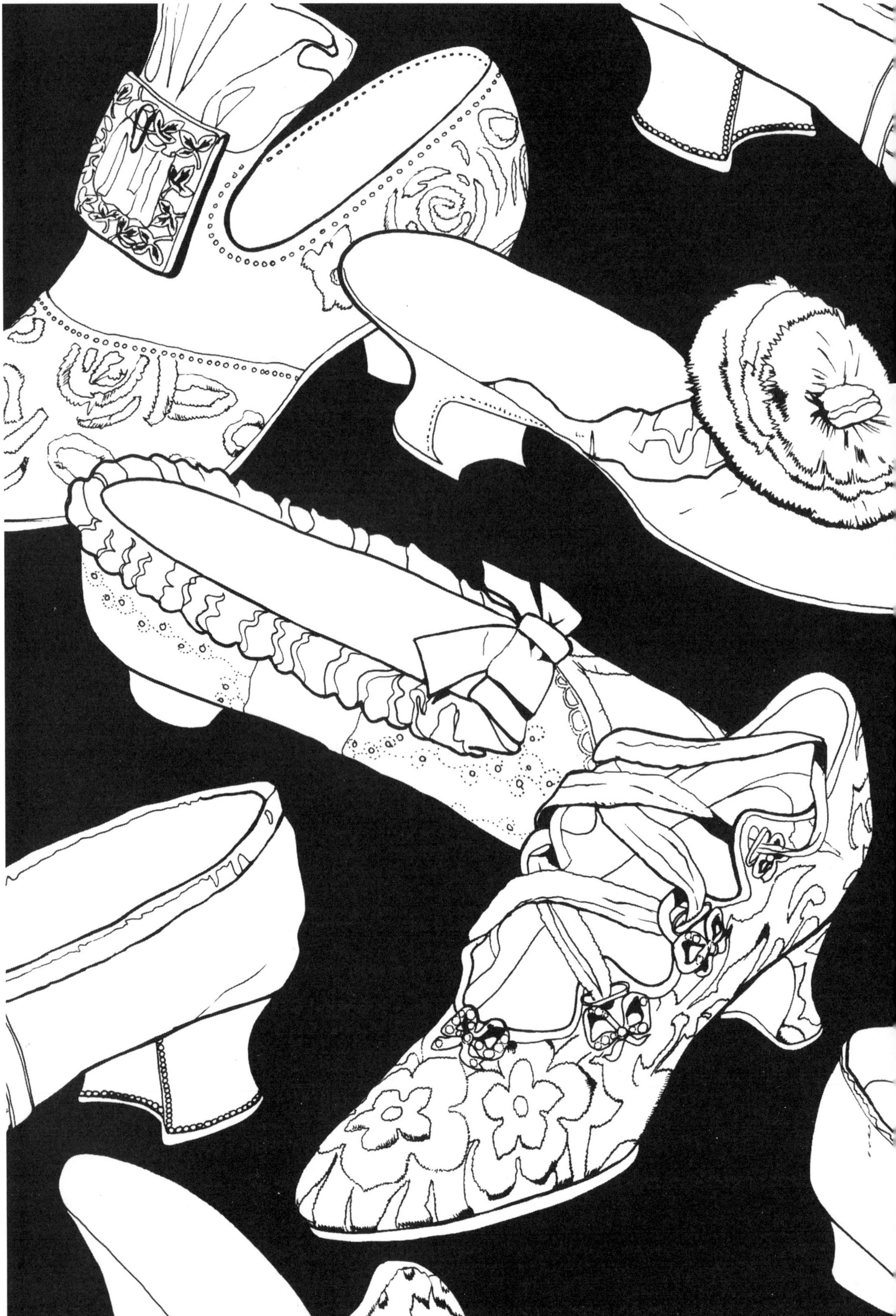

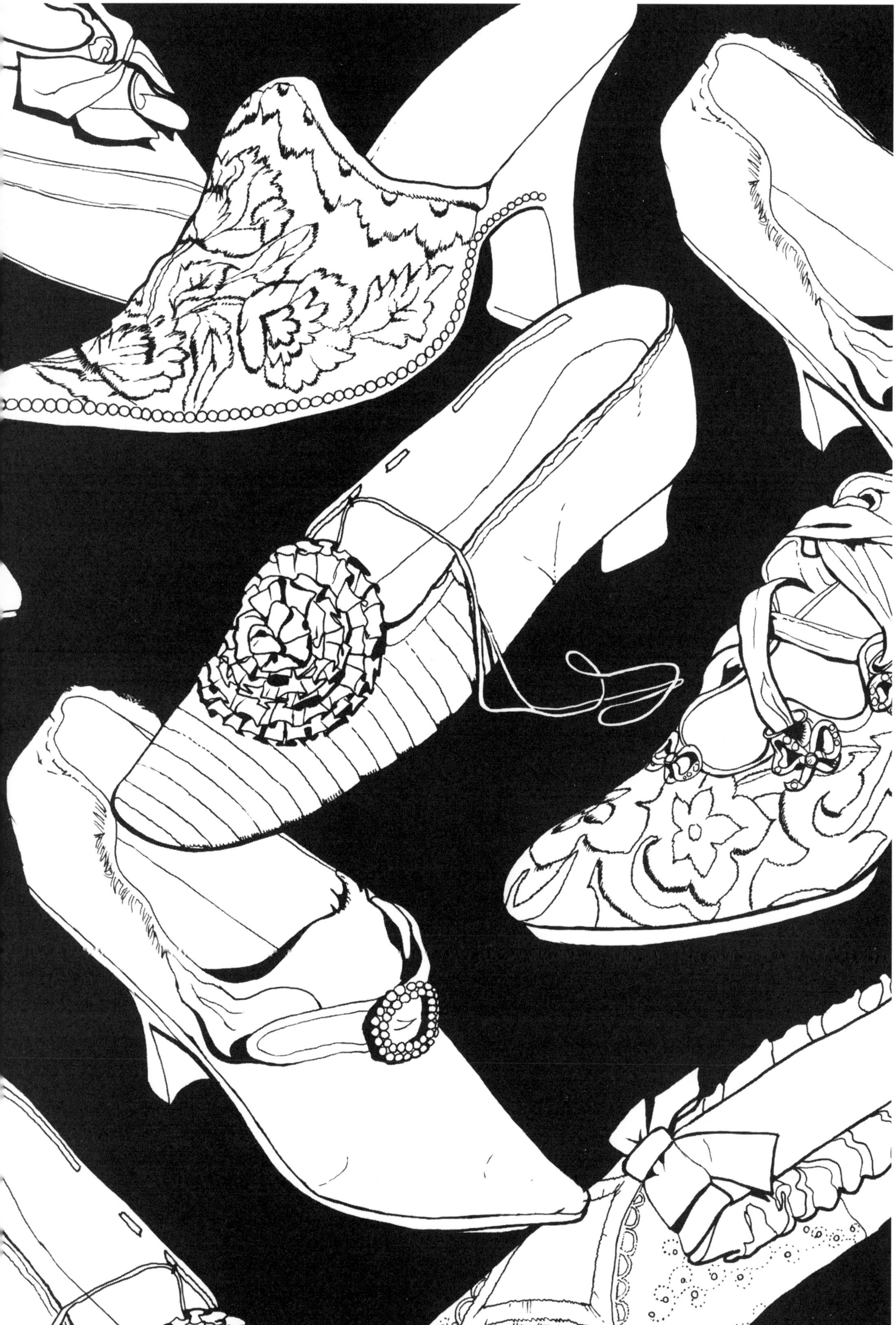

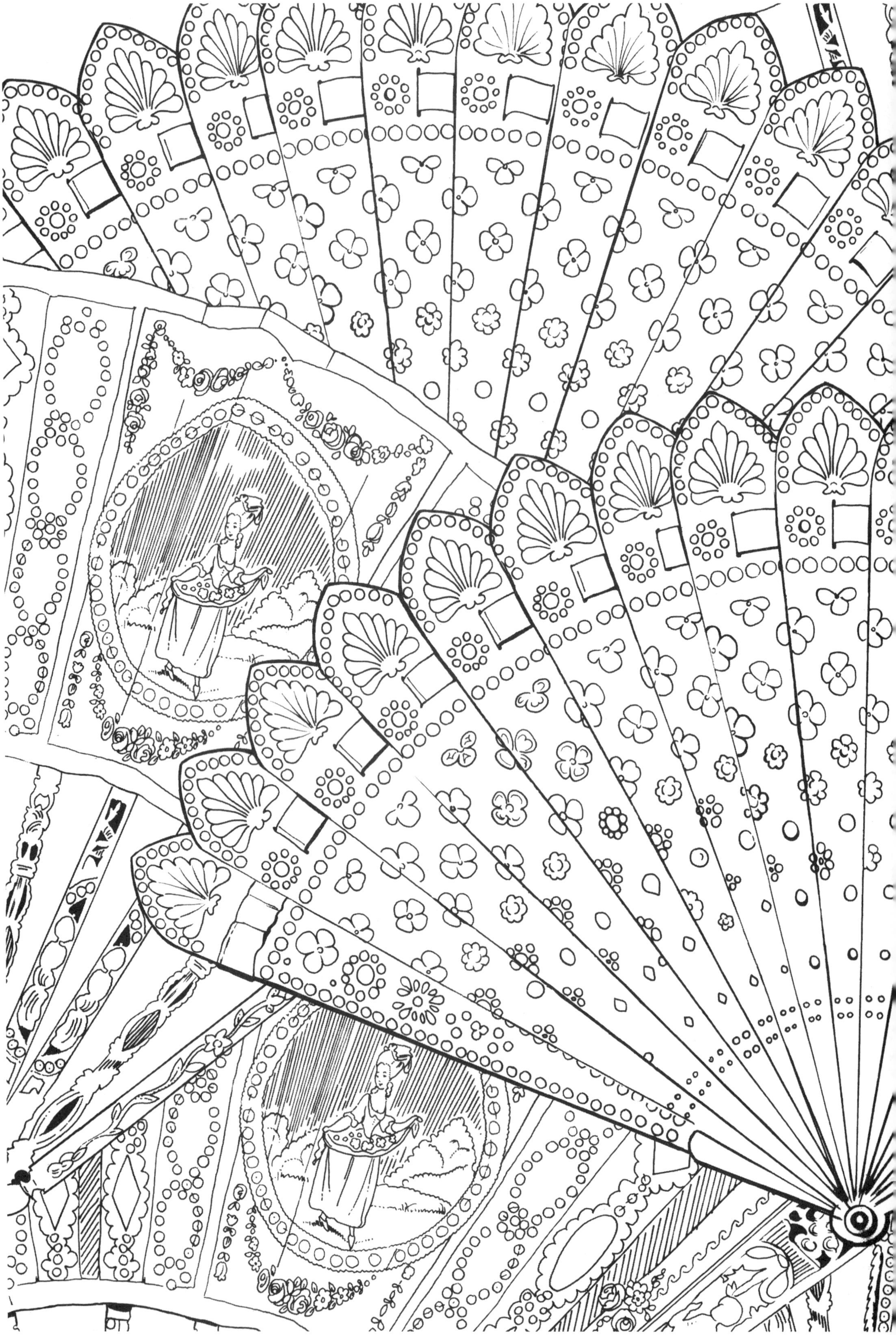

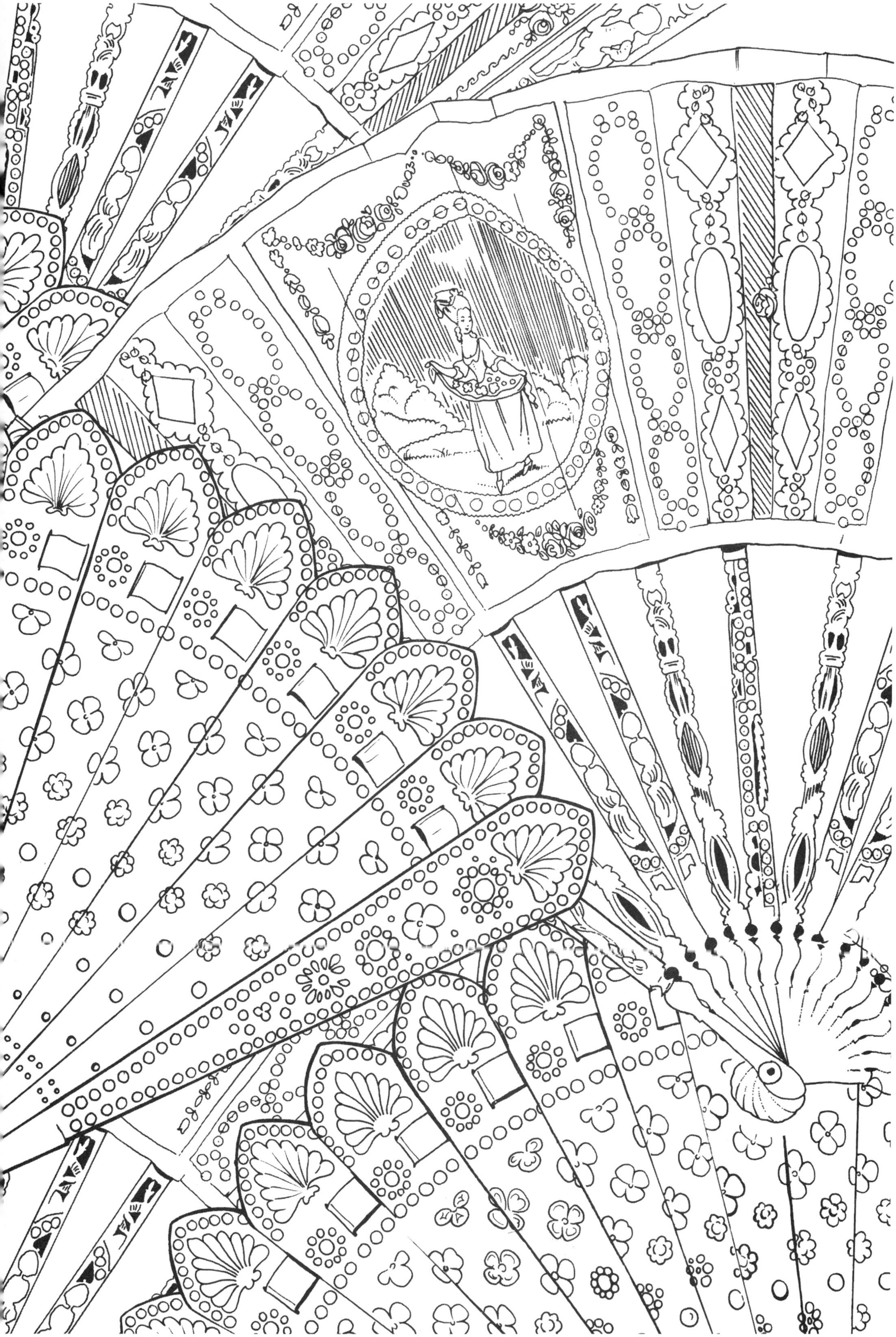

a toi
a la
vie

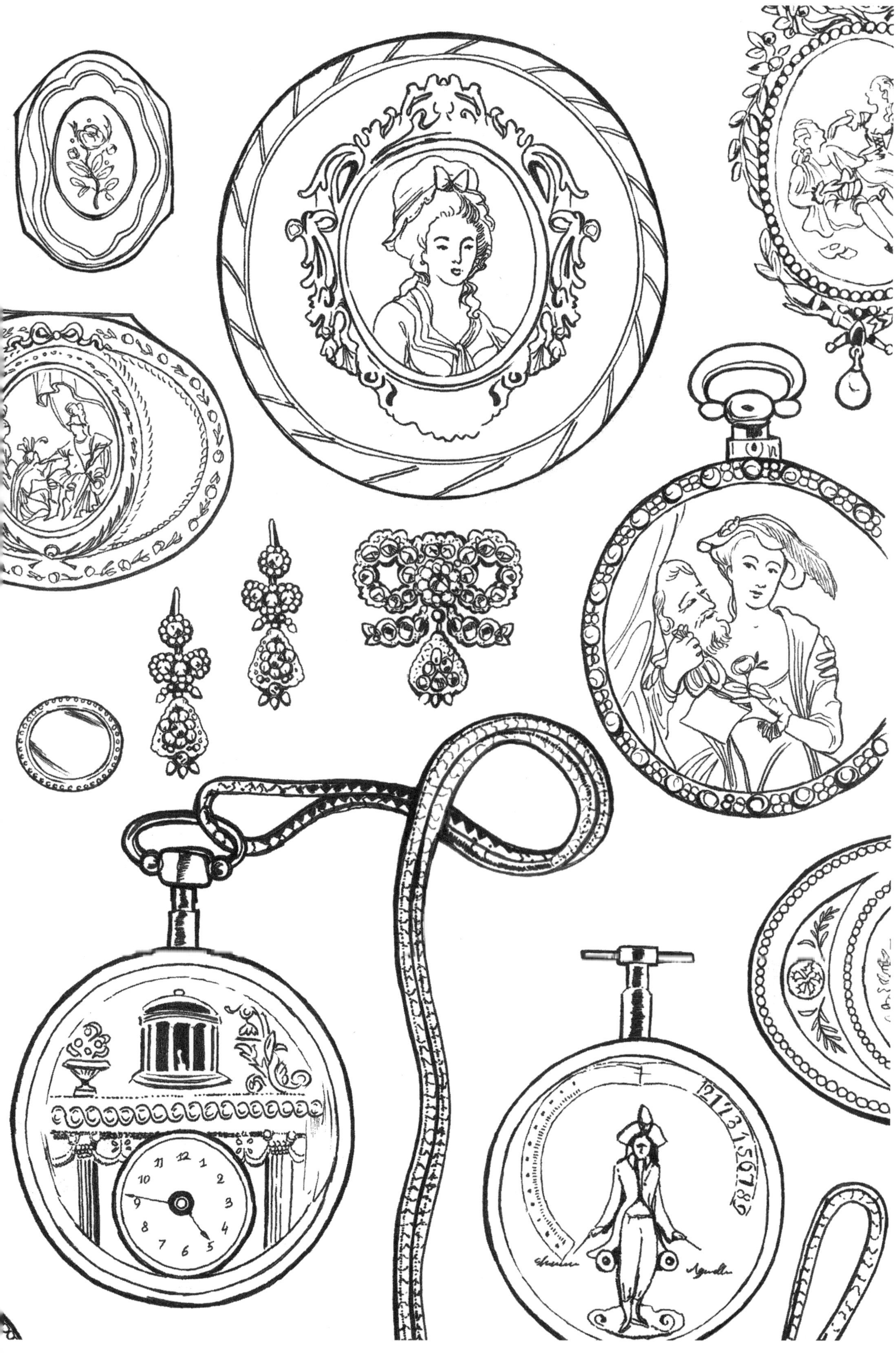

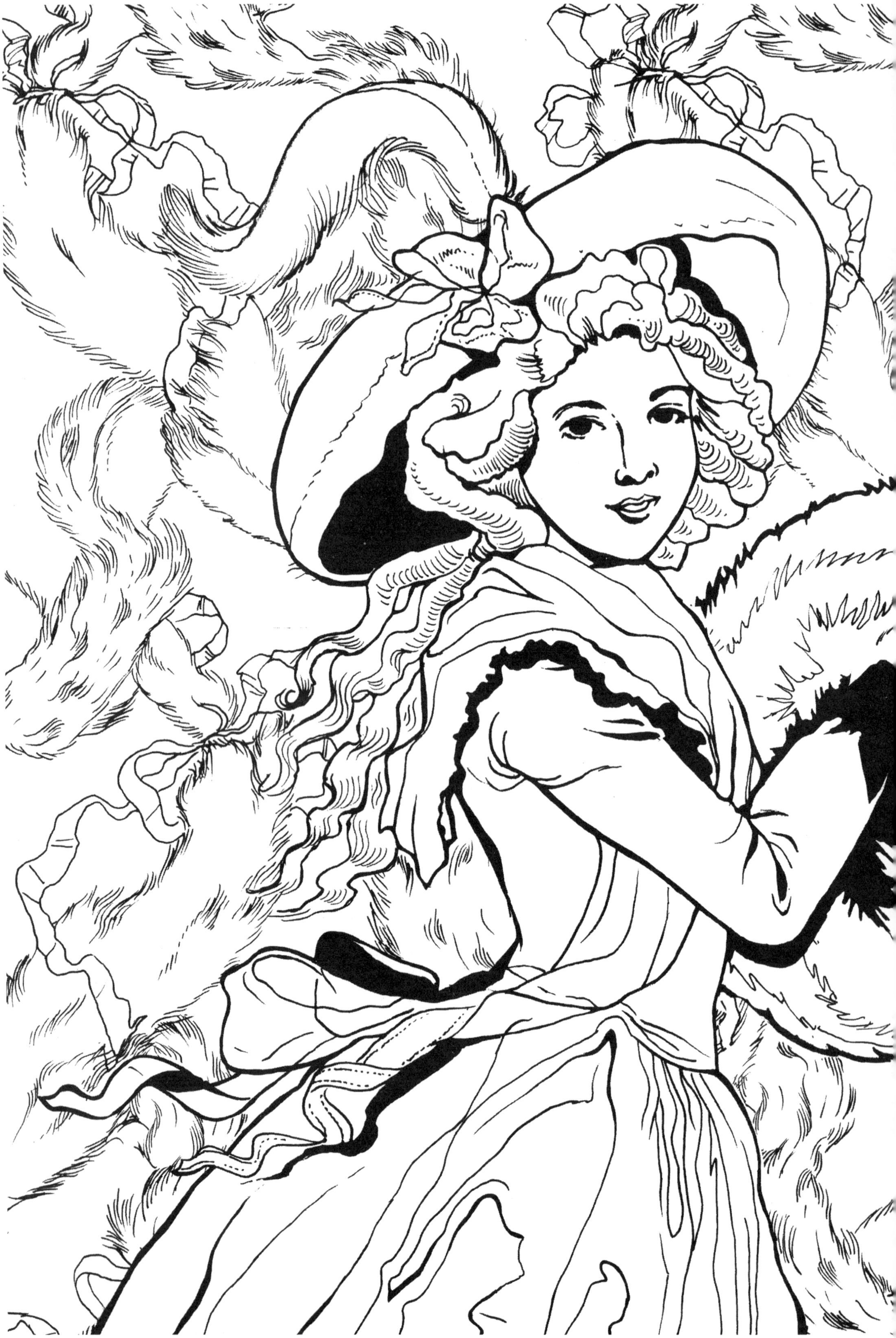

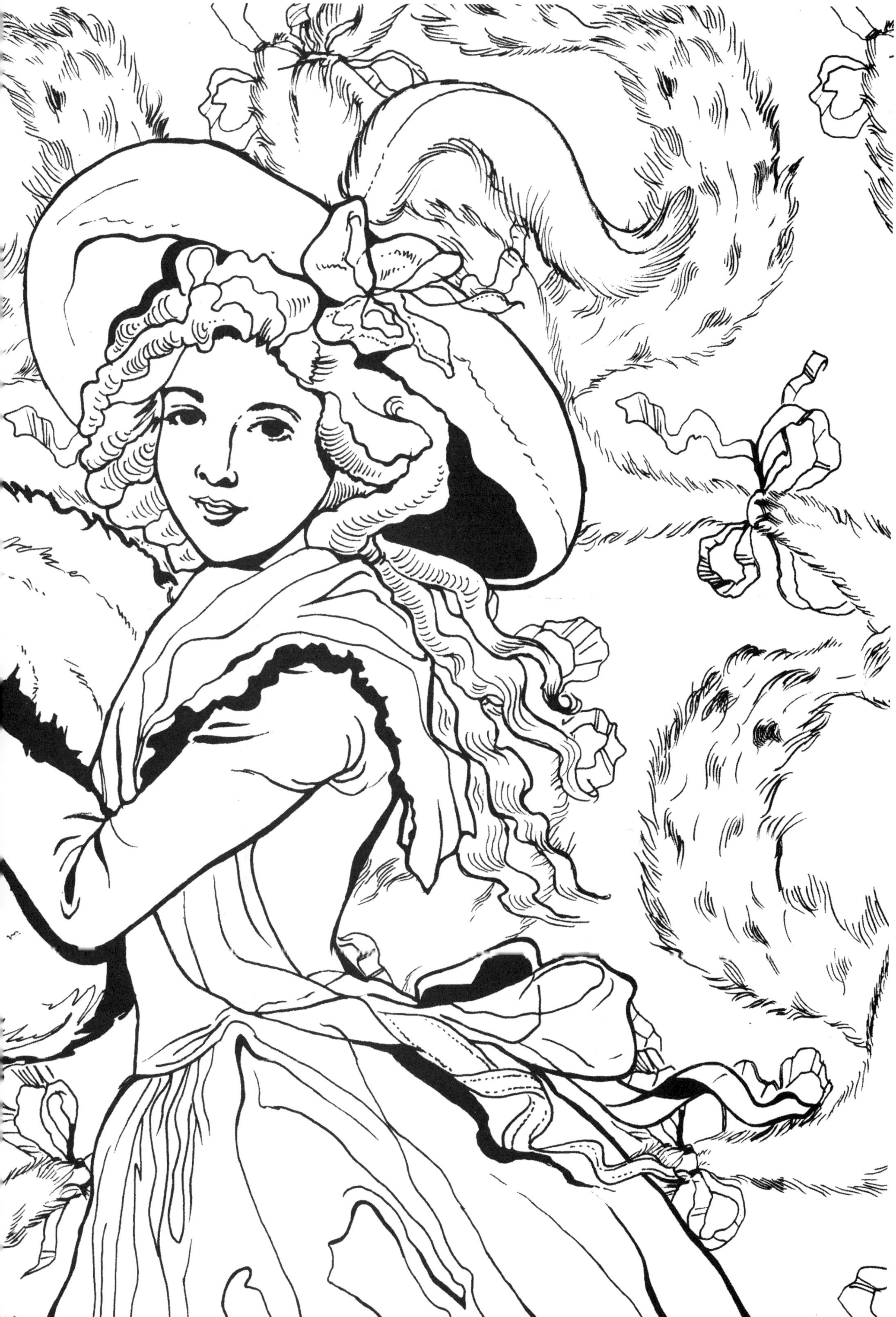

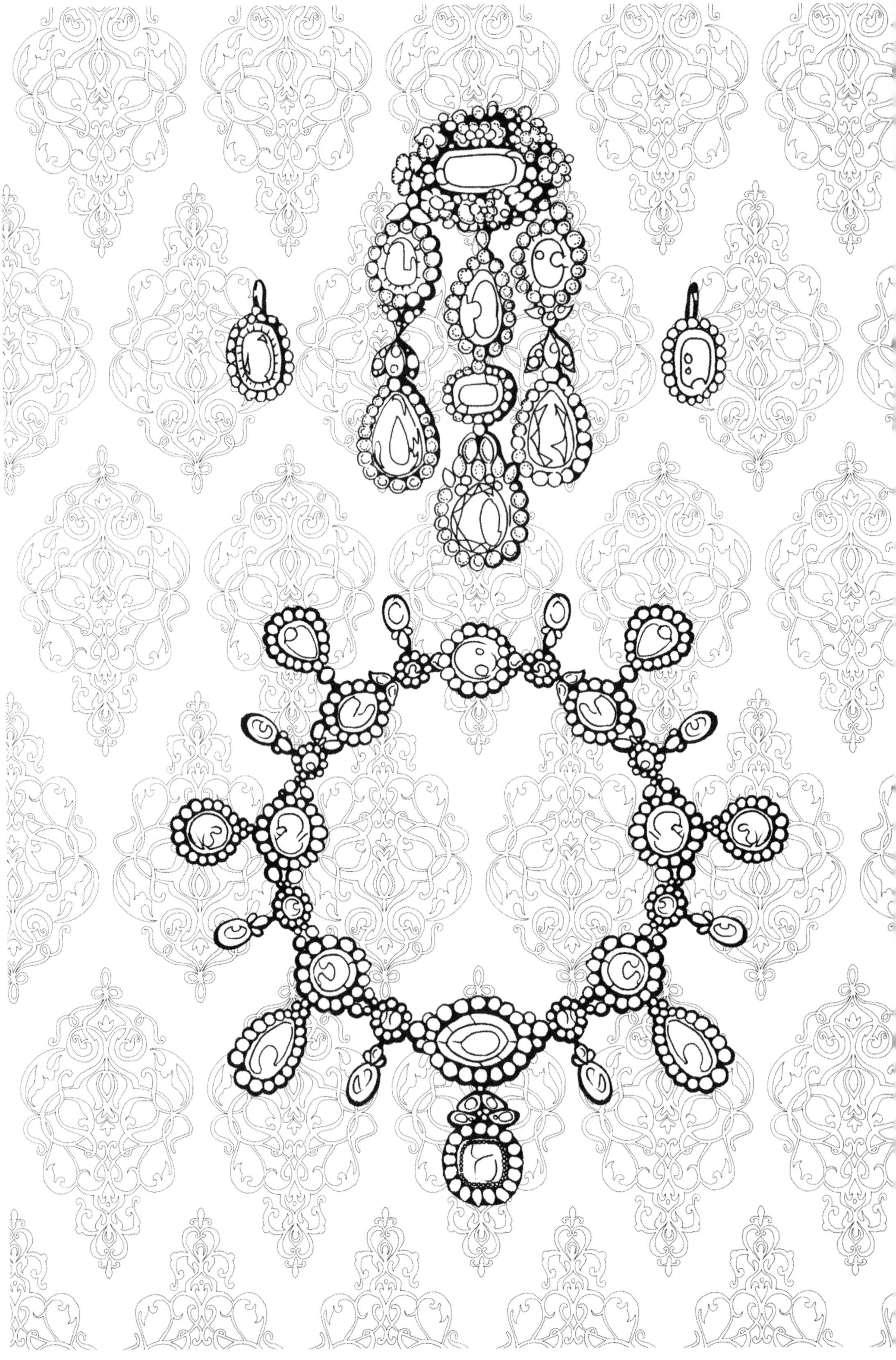

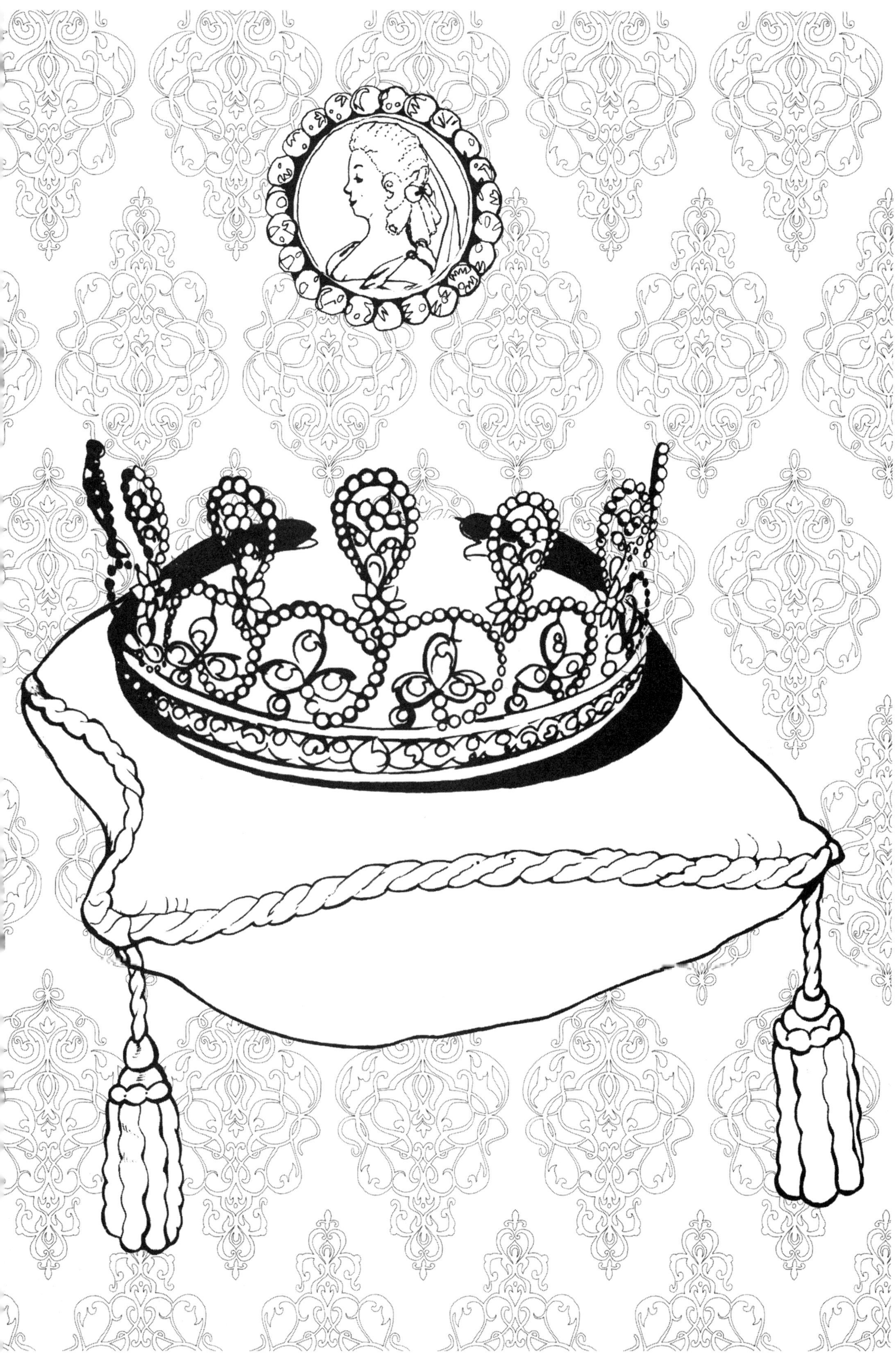

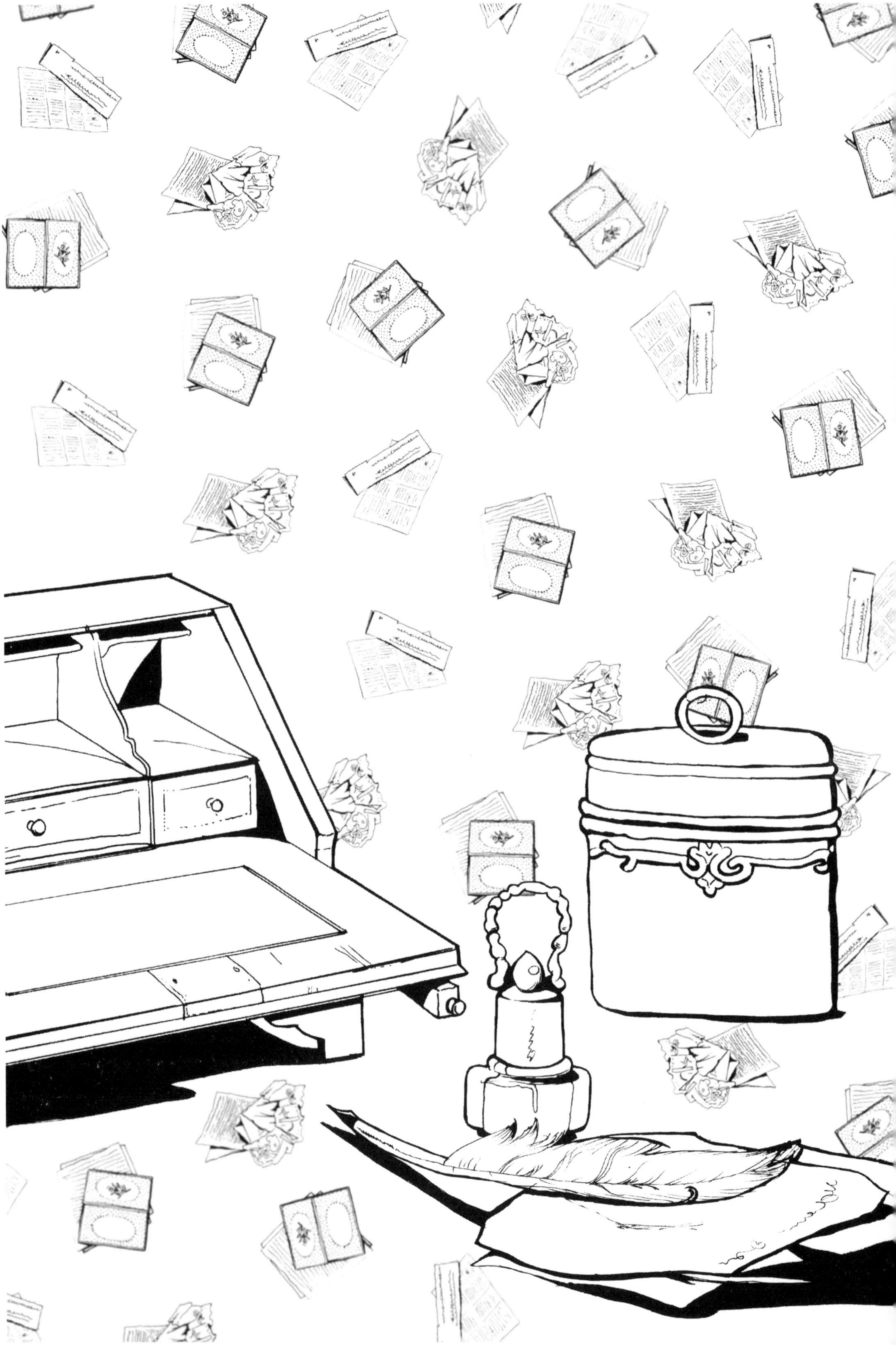

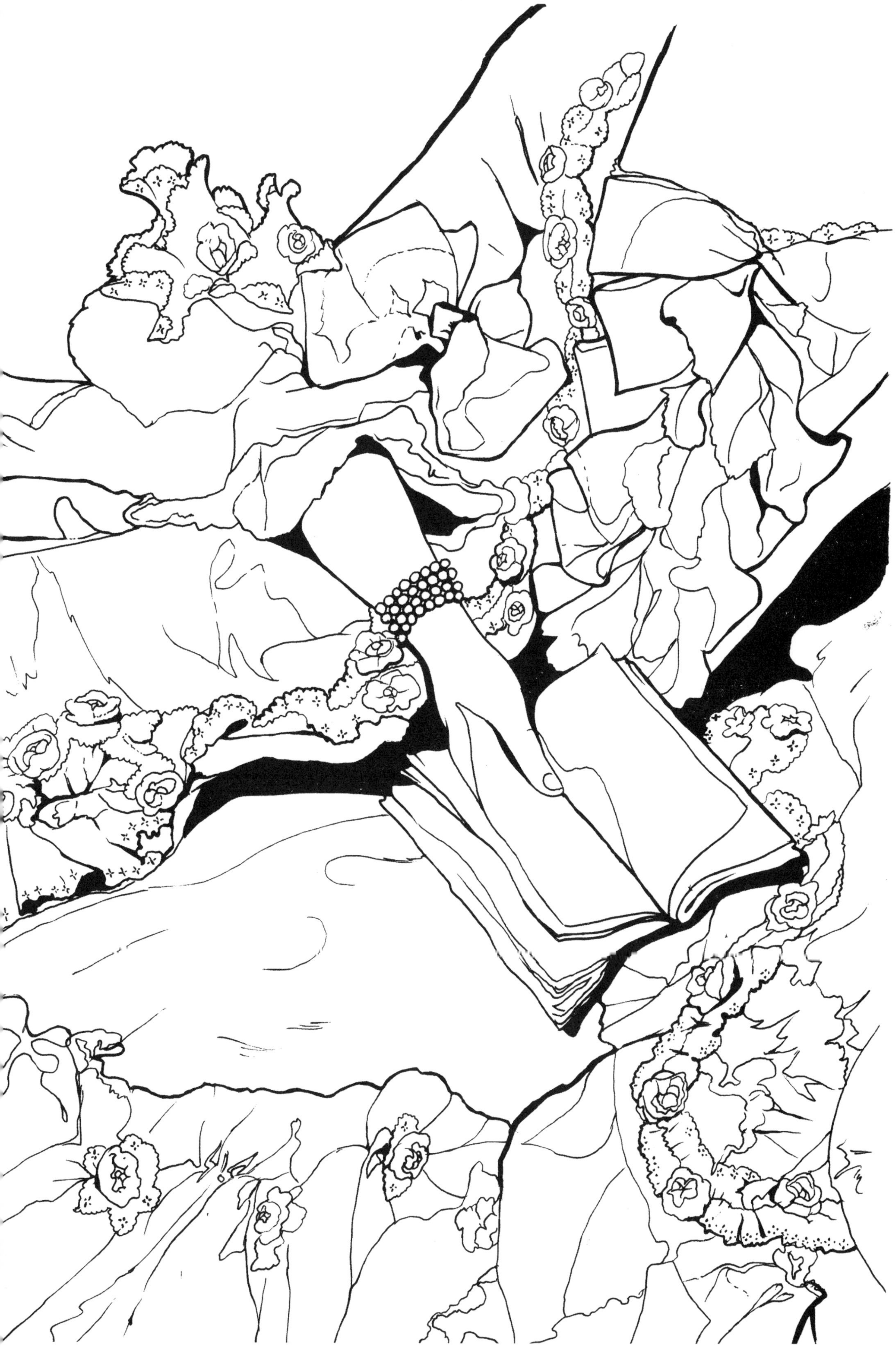

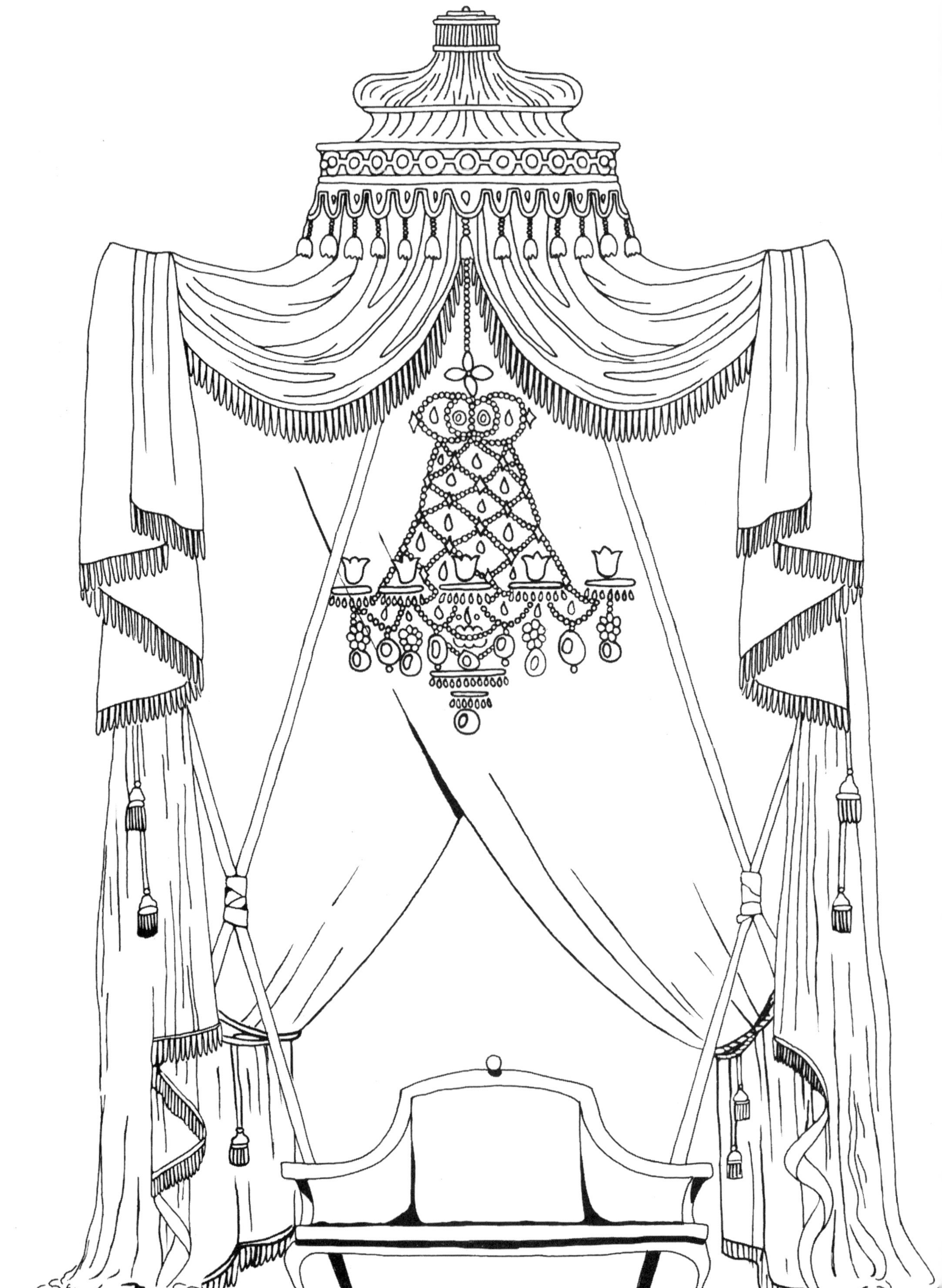

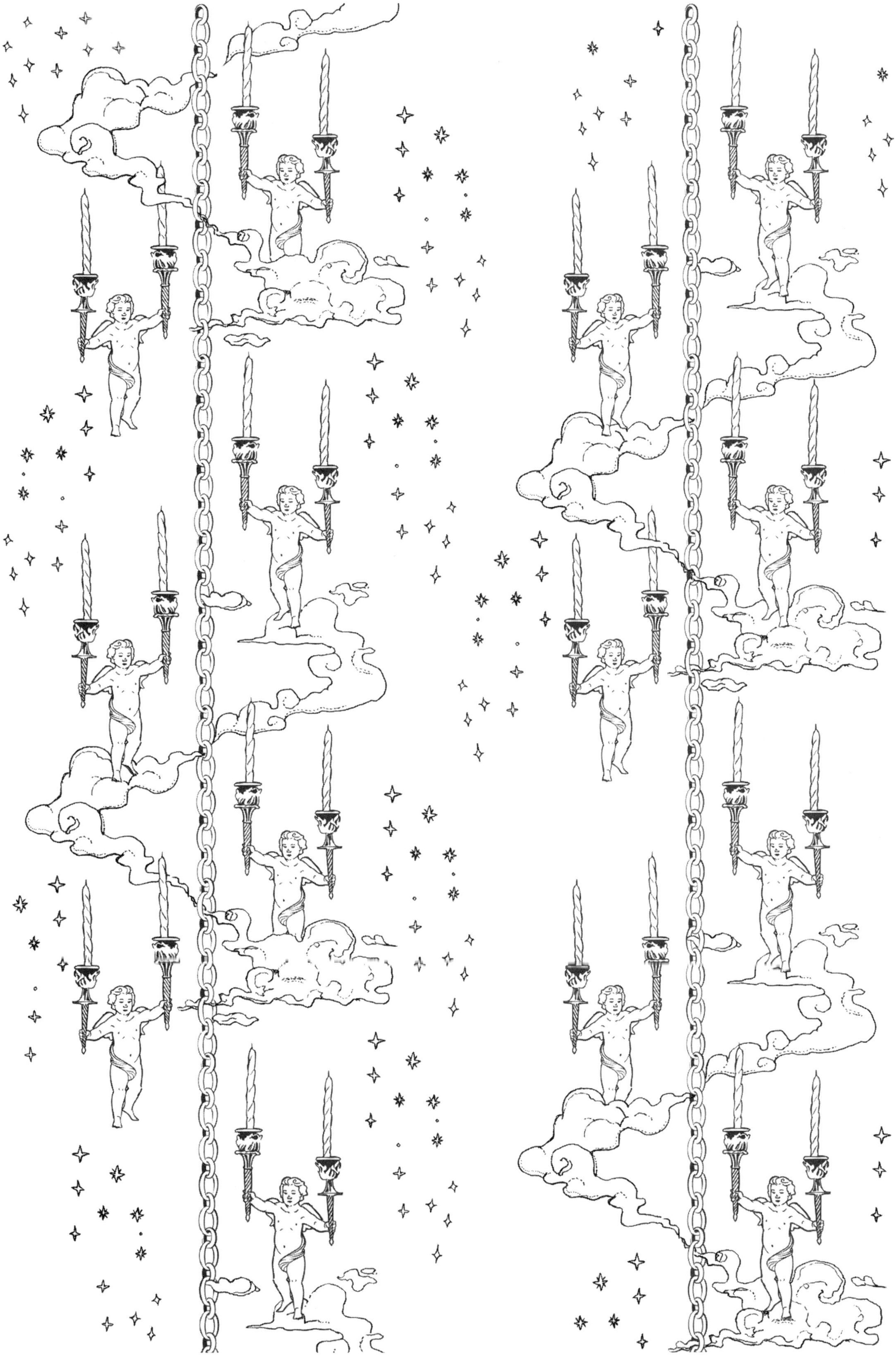

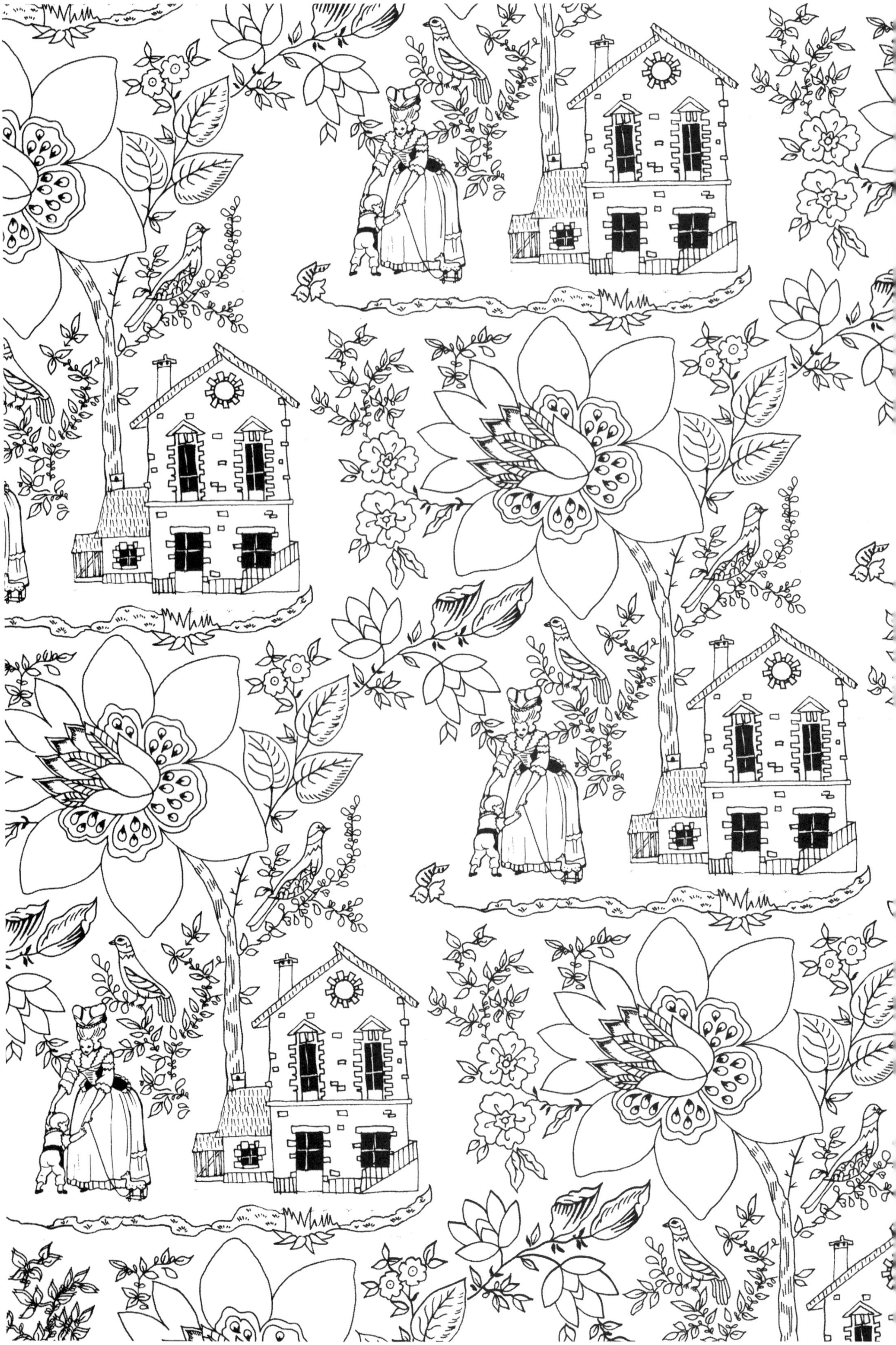

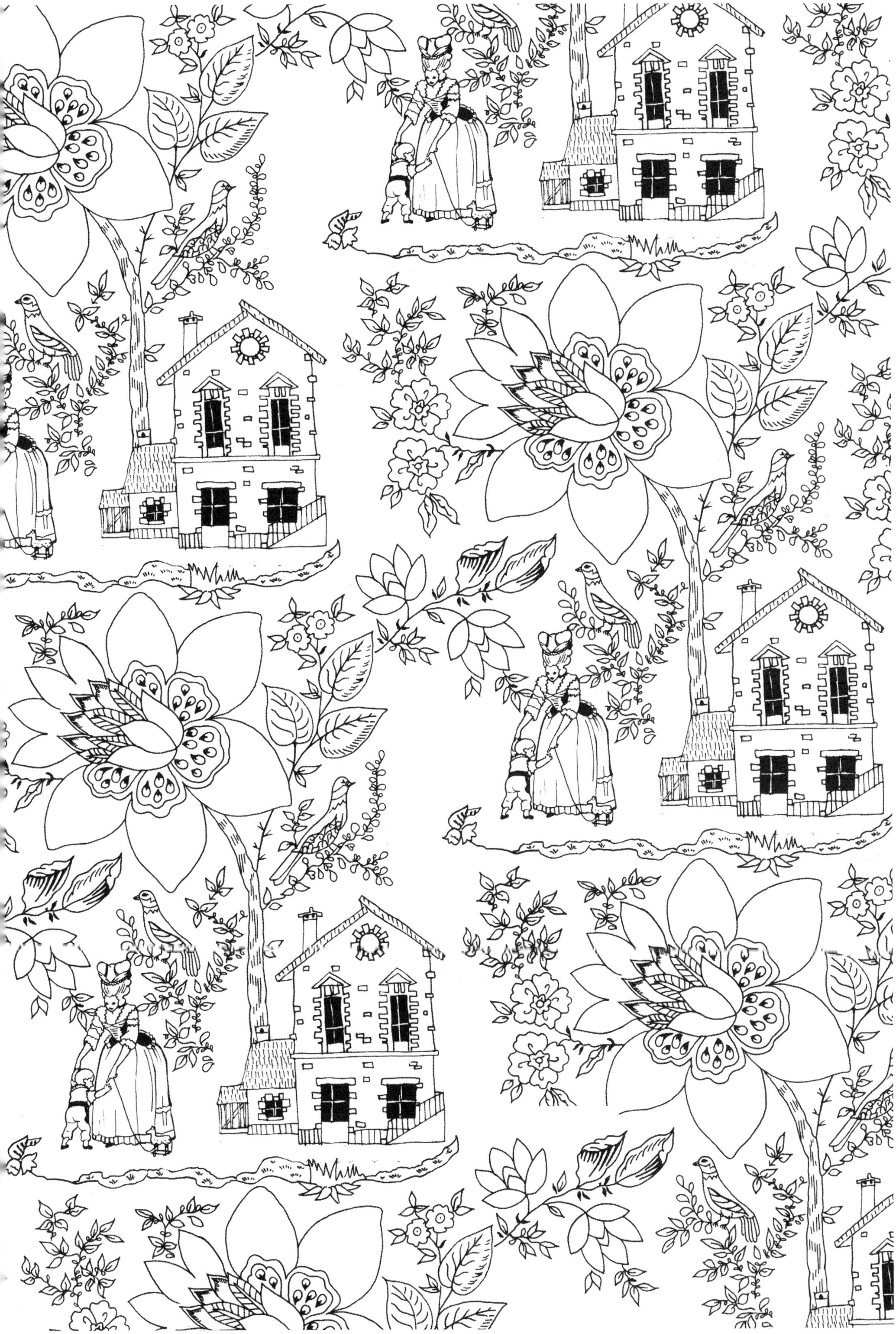

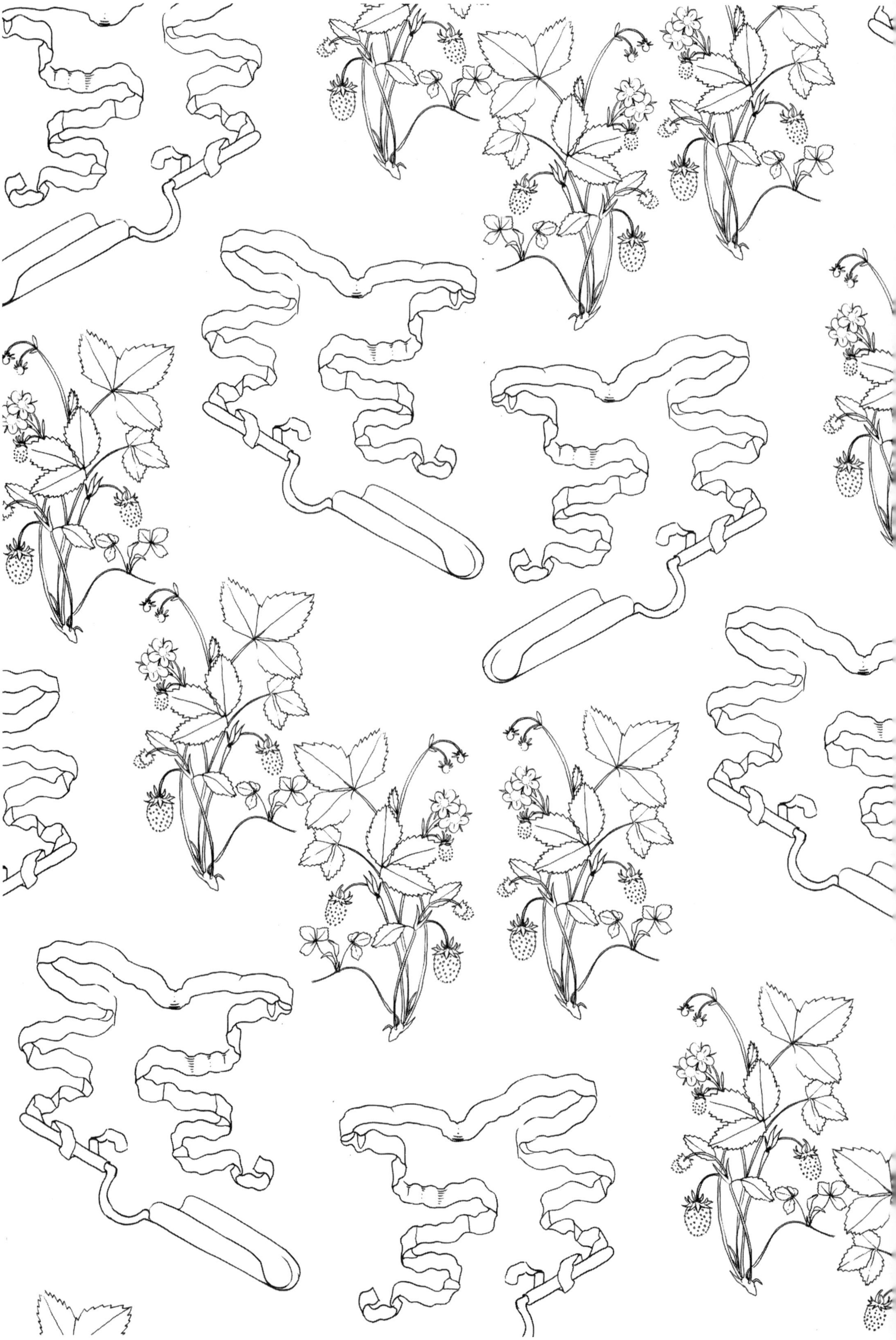

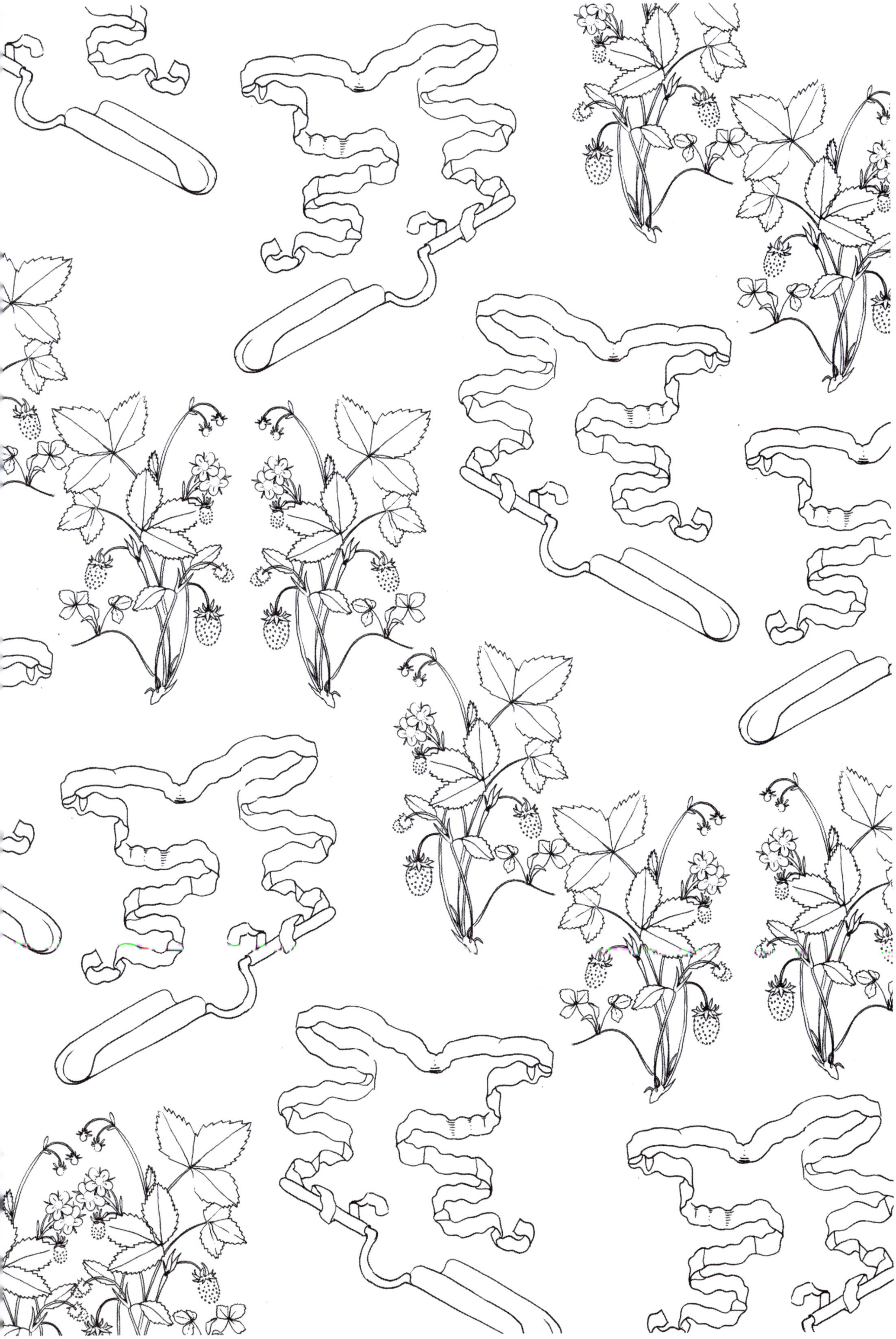

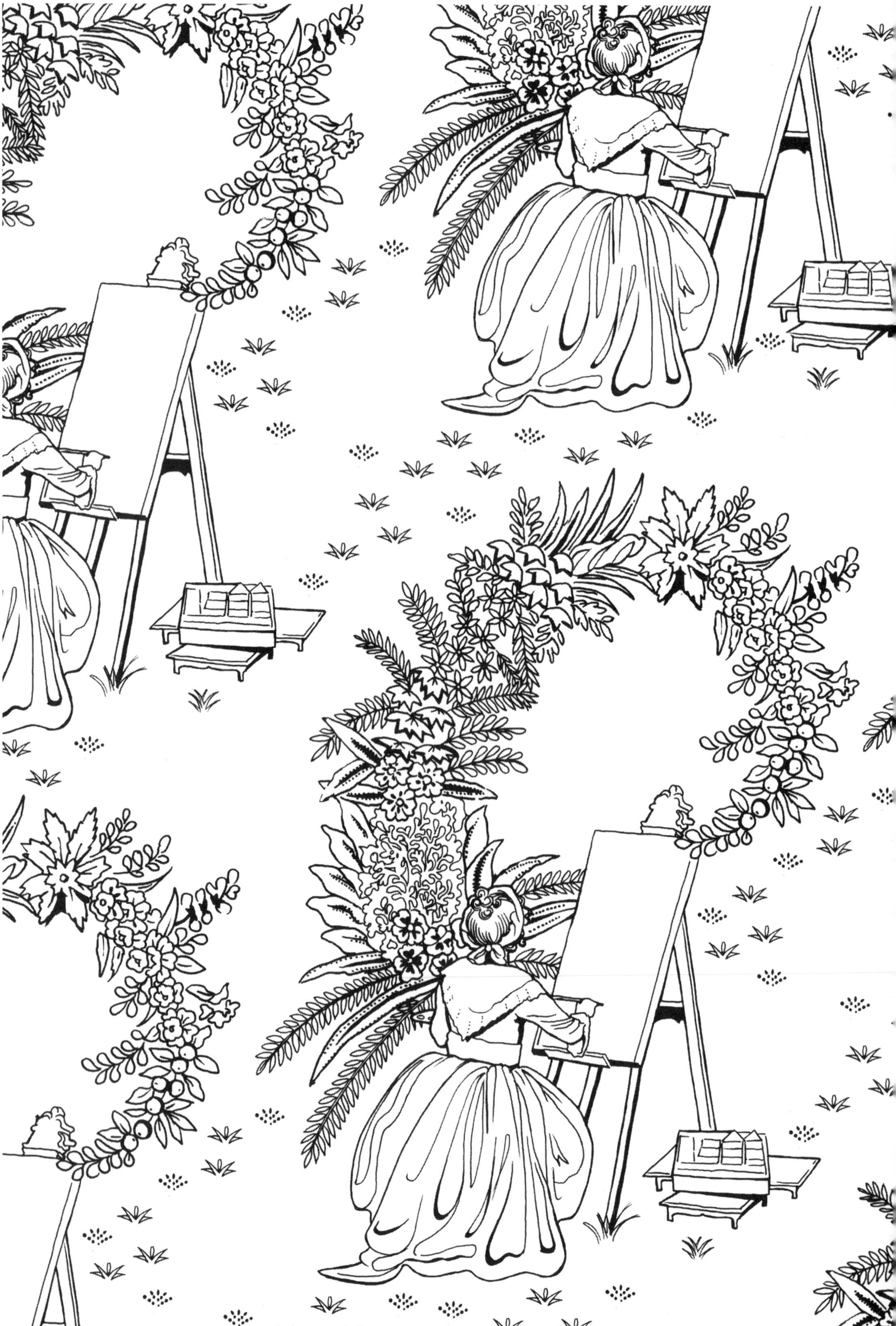

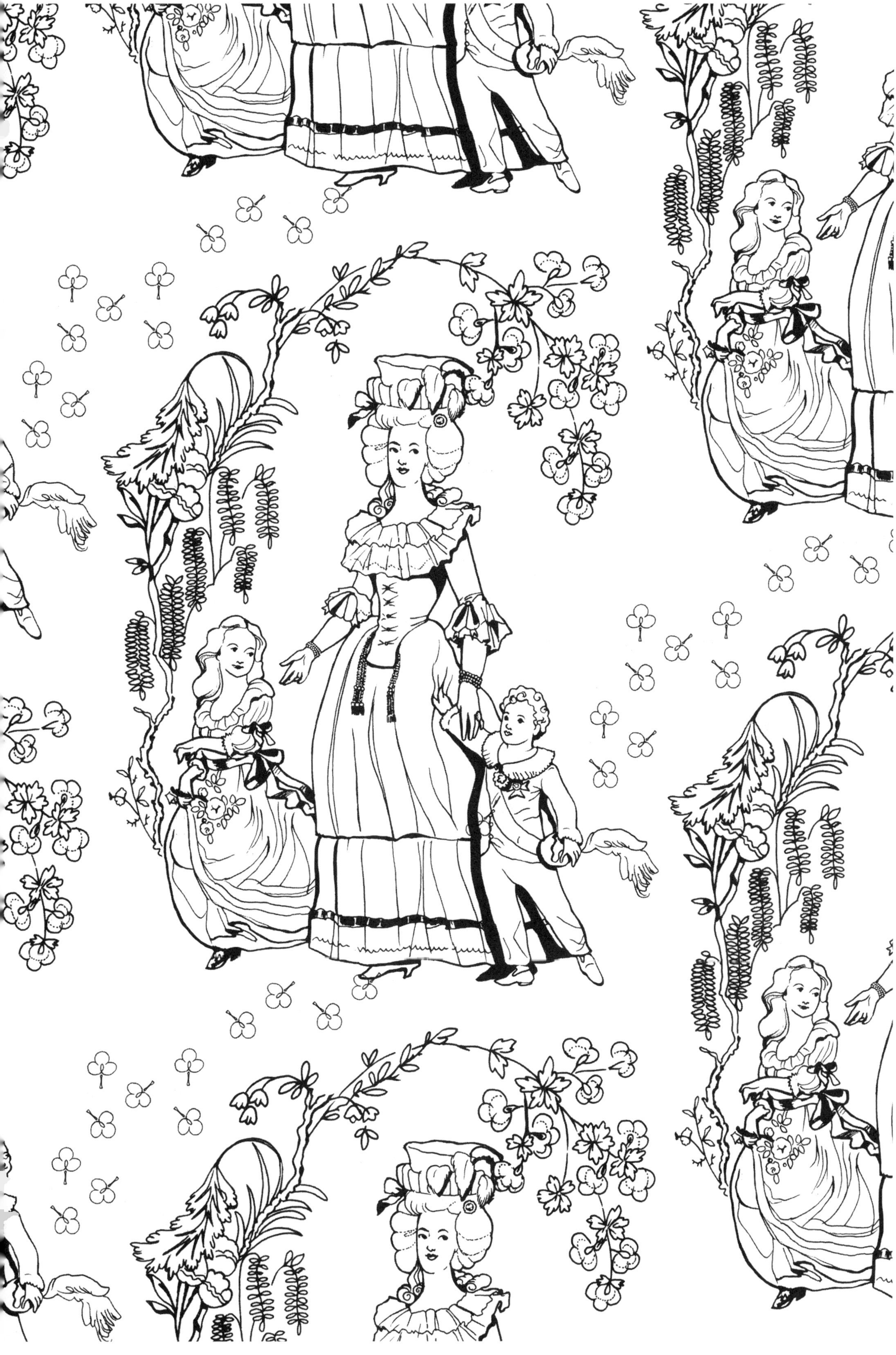

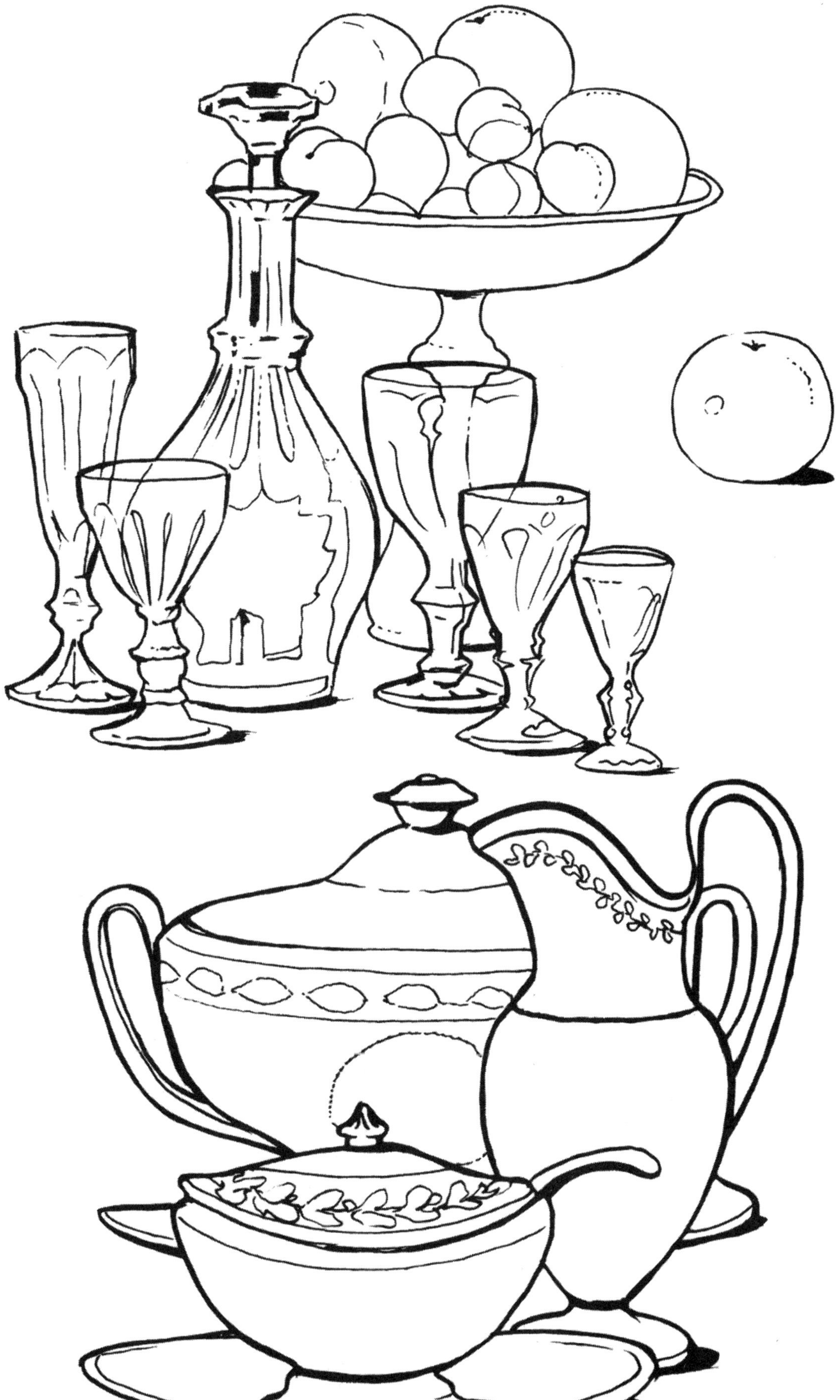

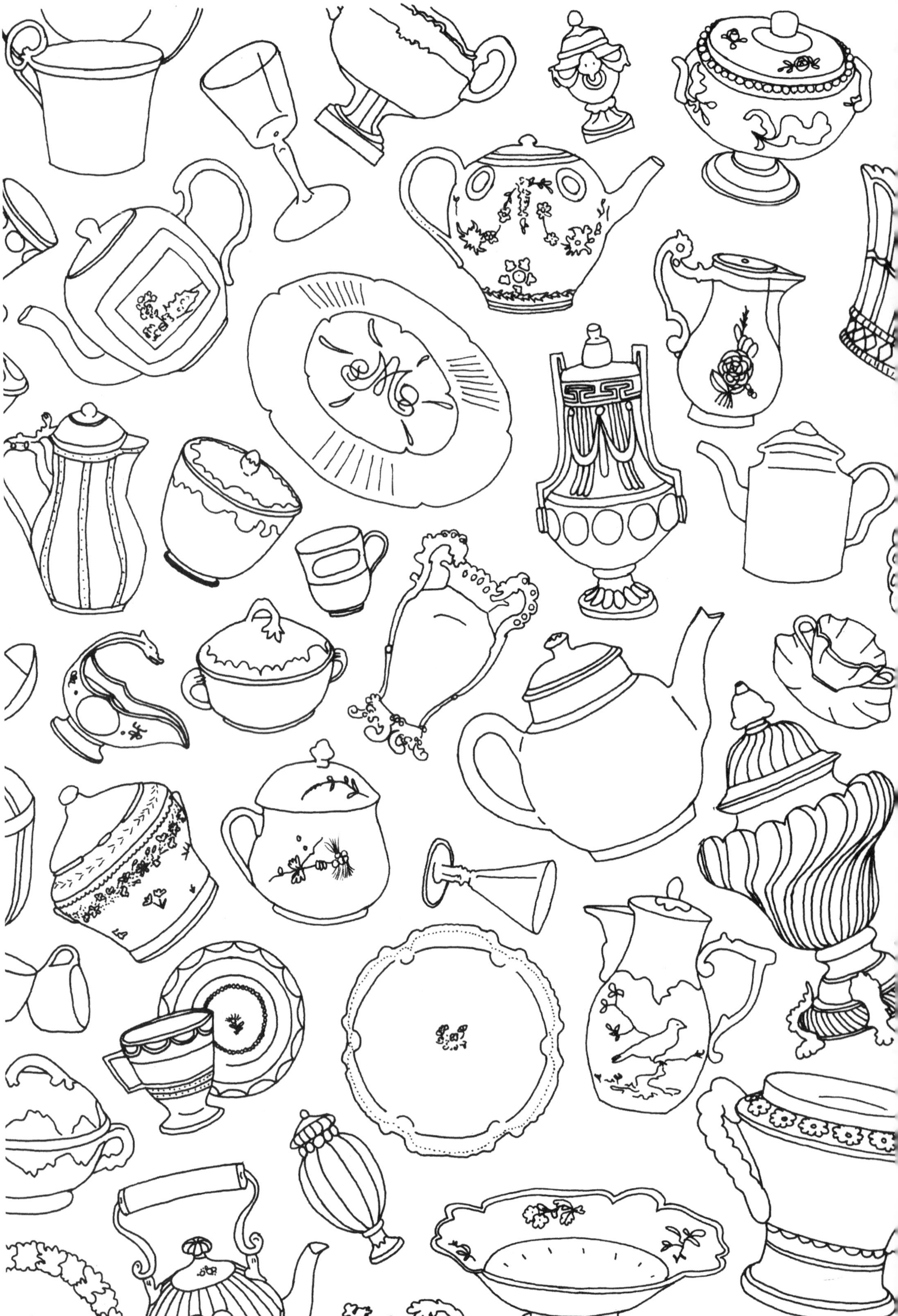

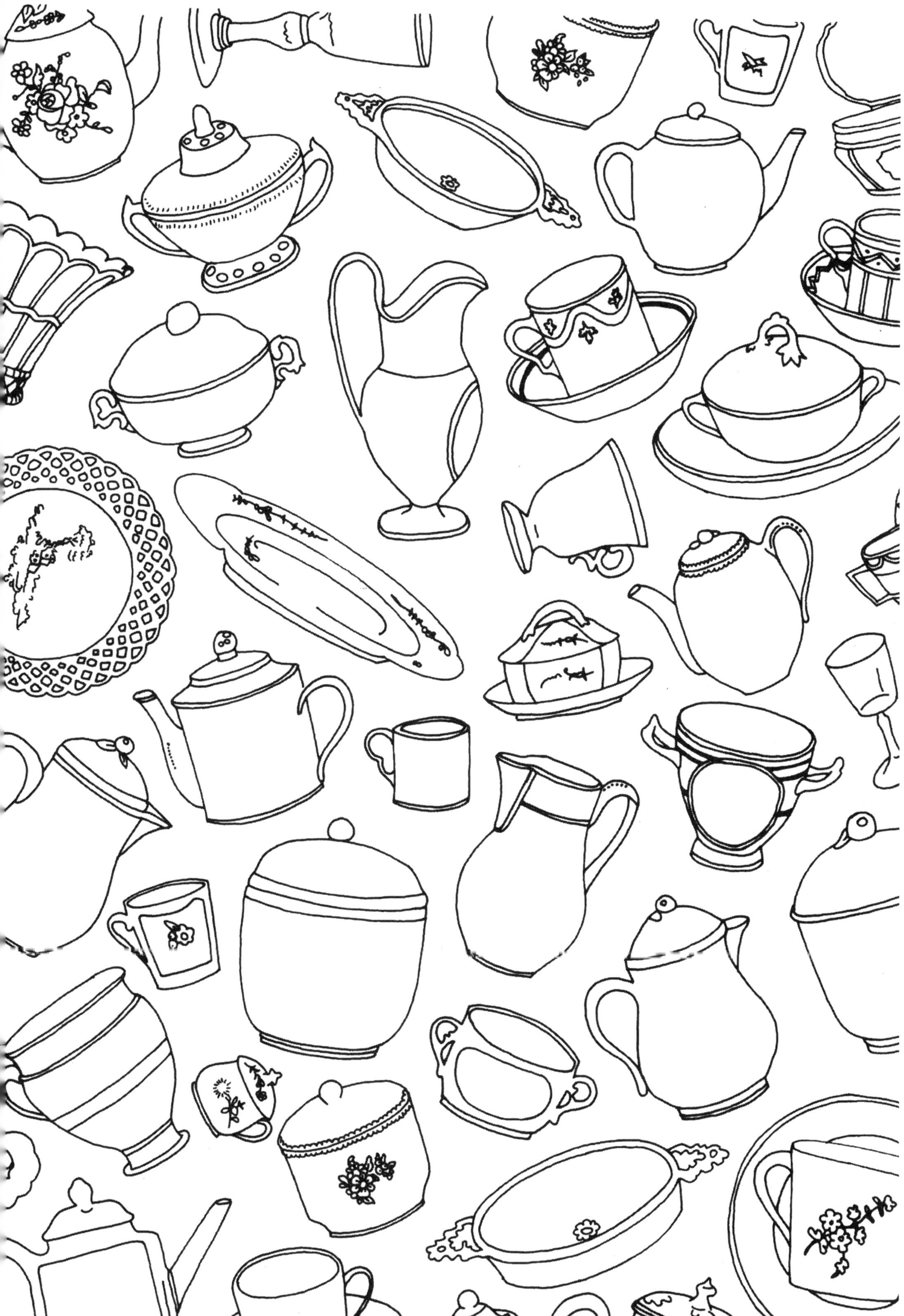

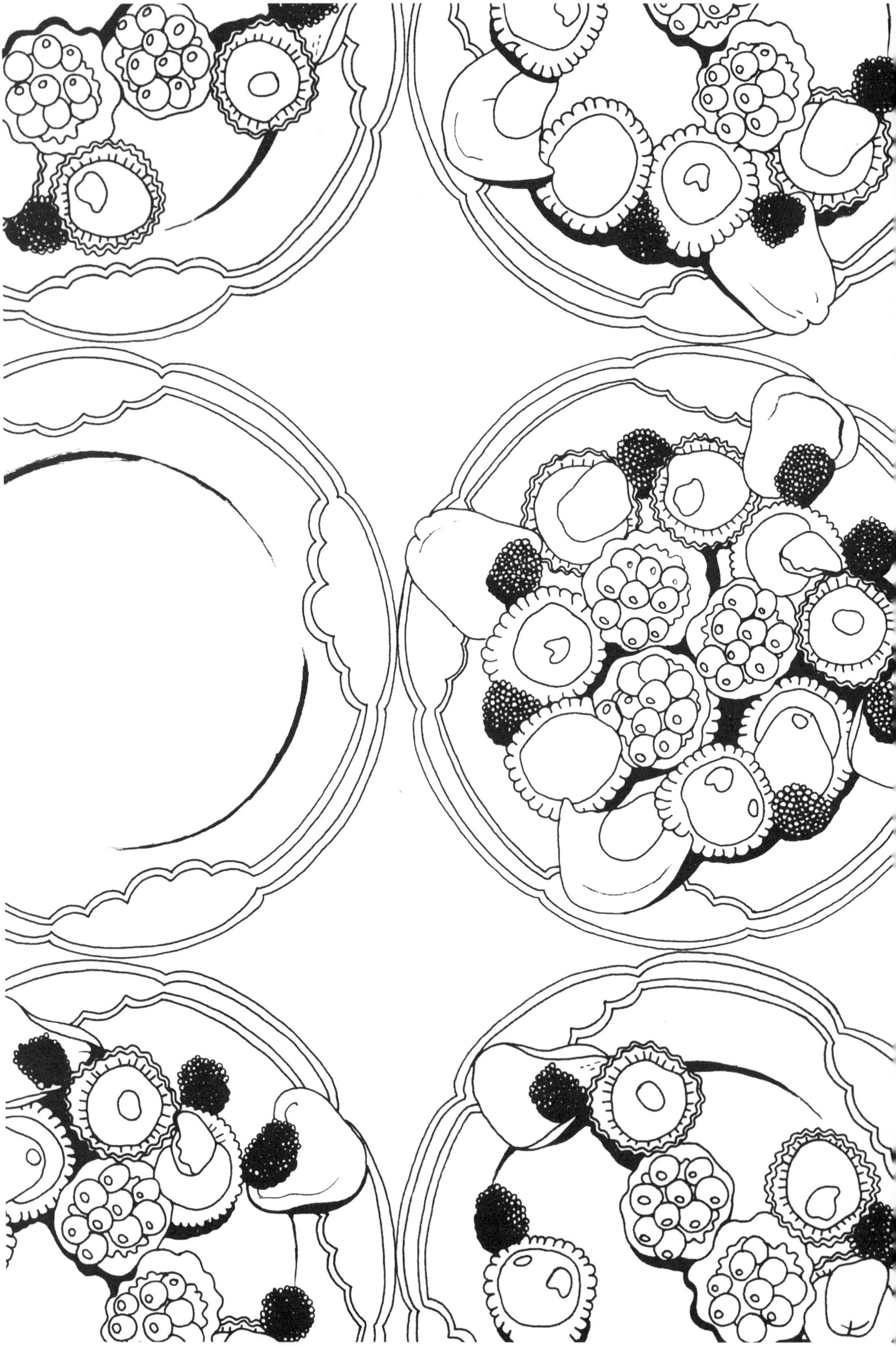

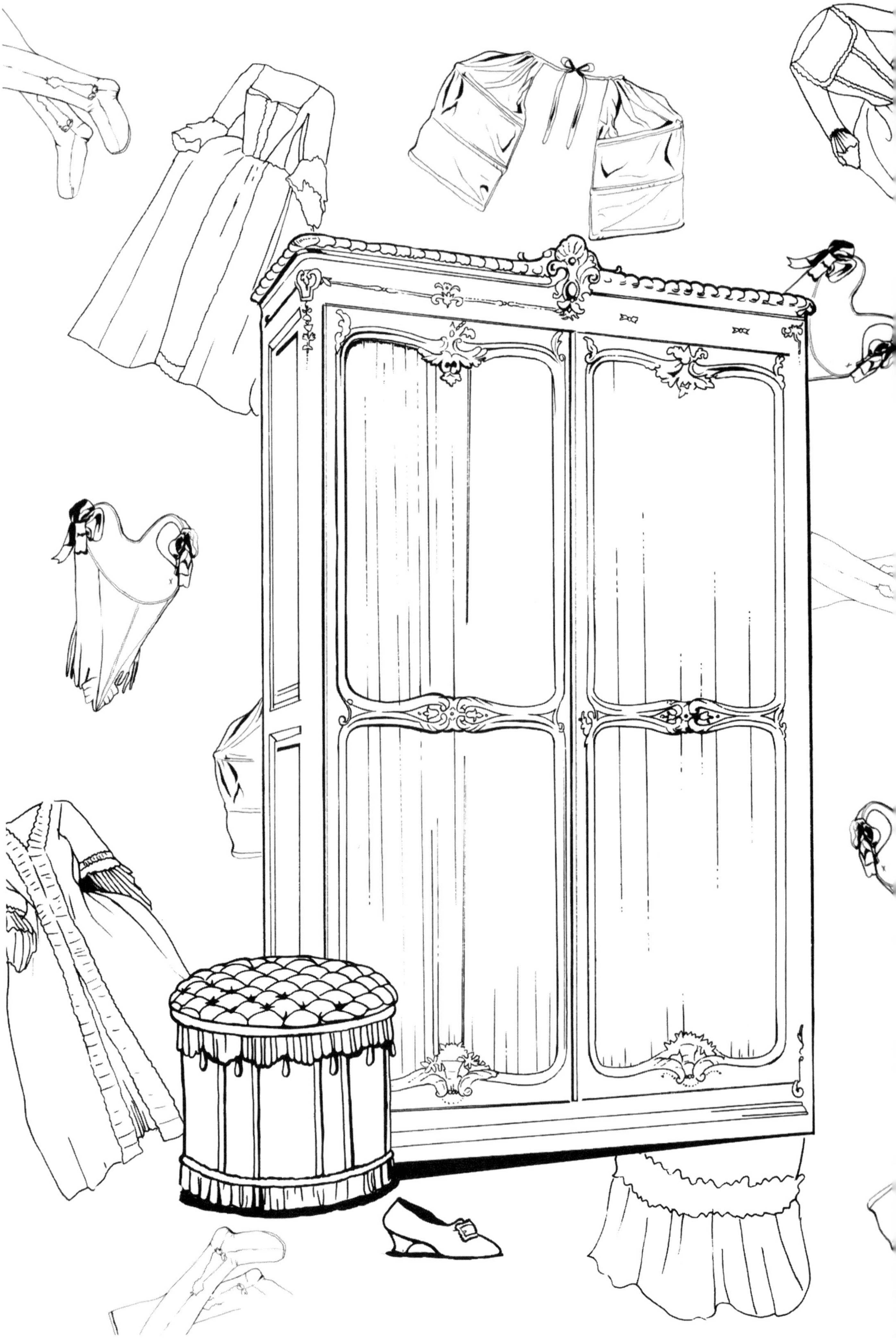

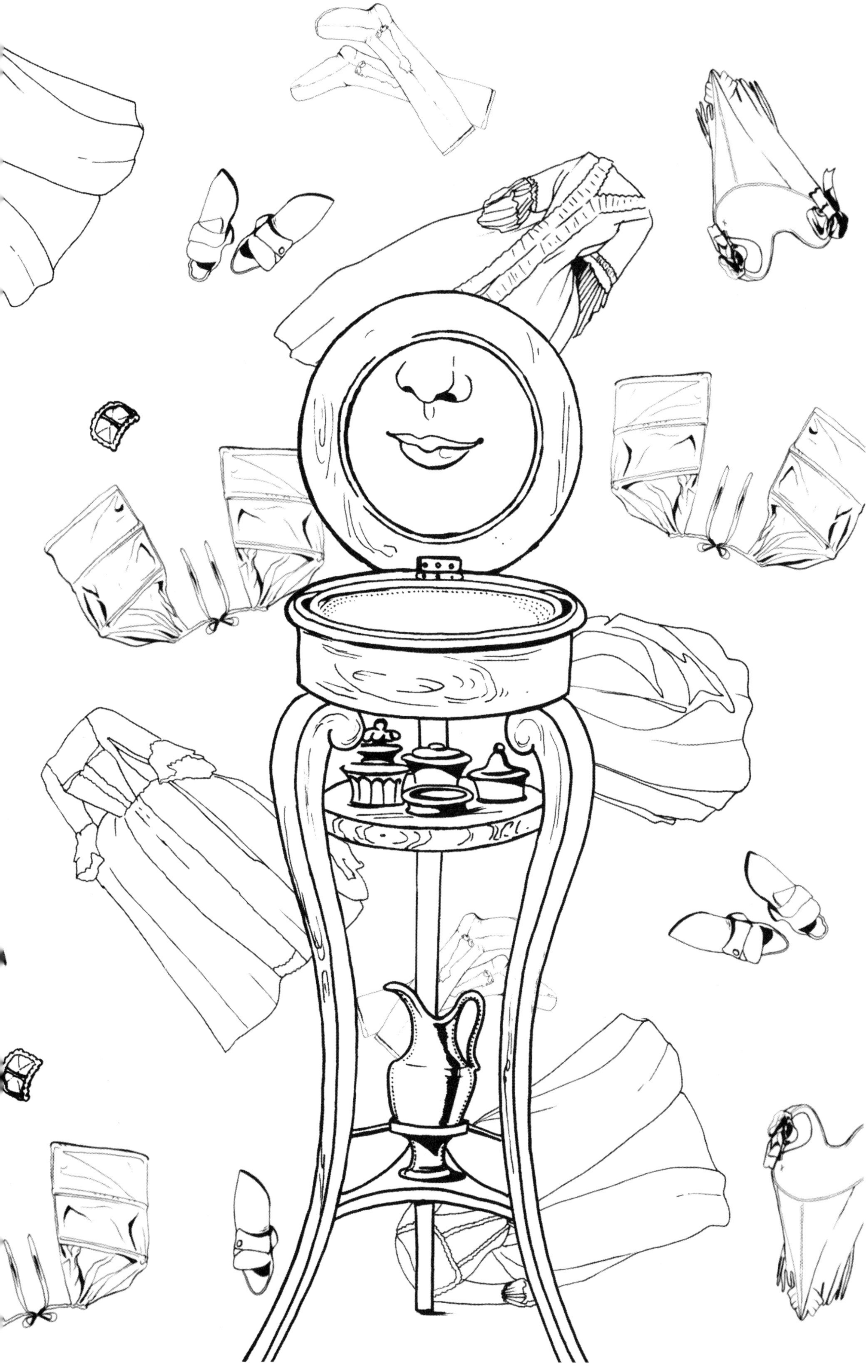

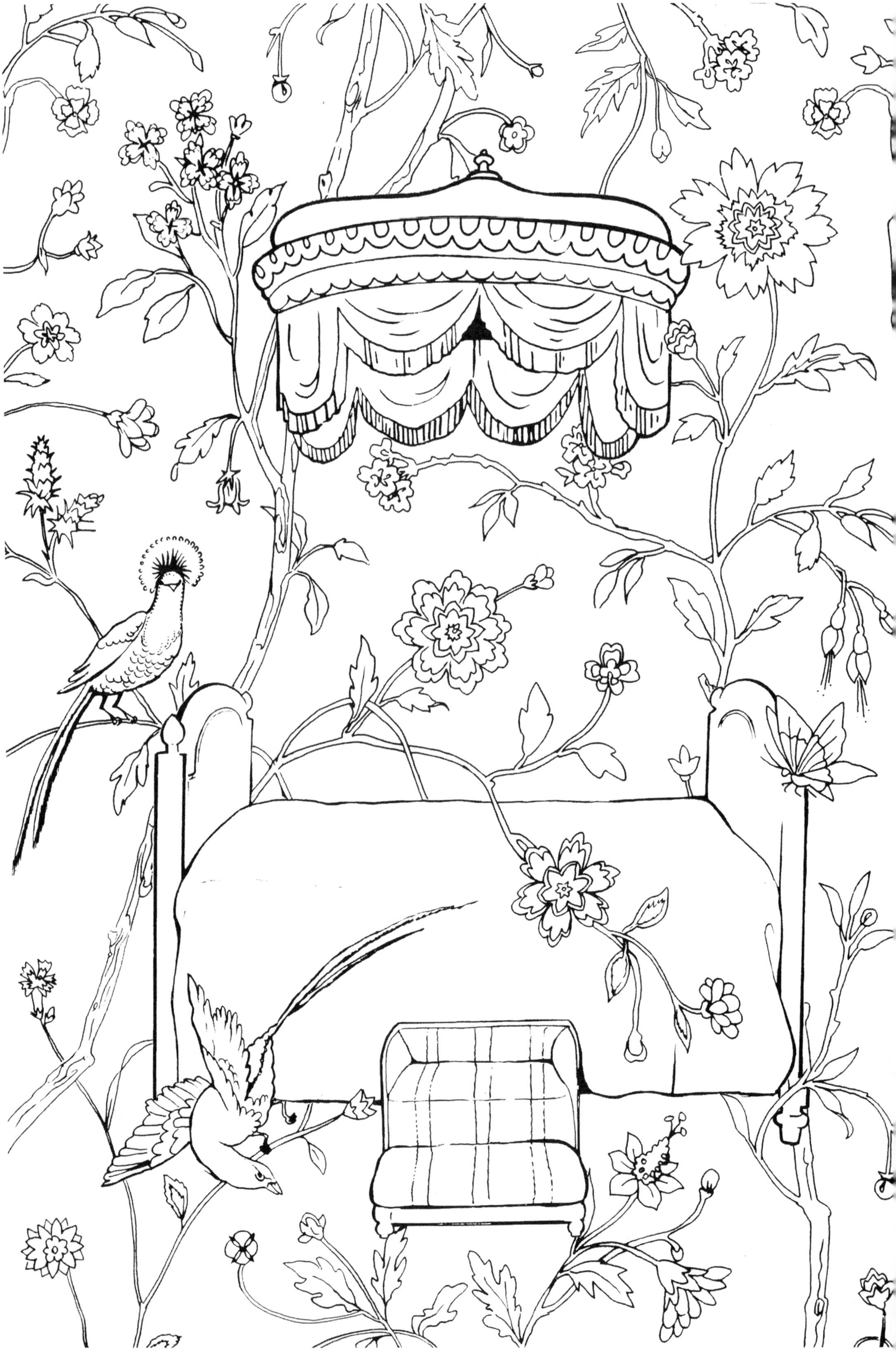

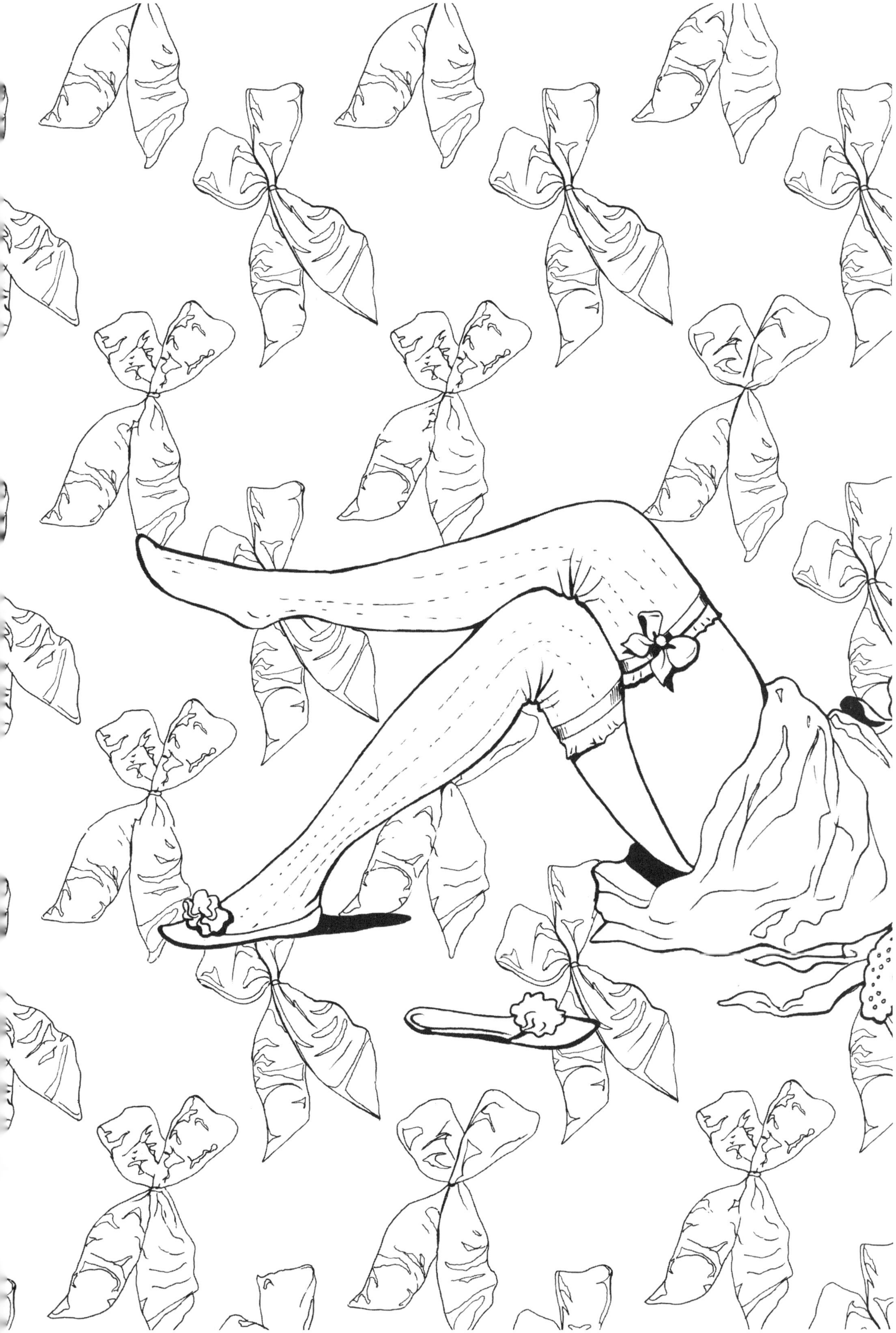

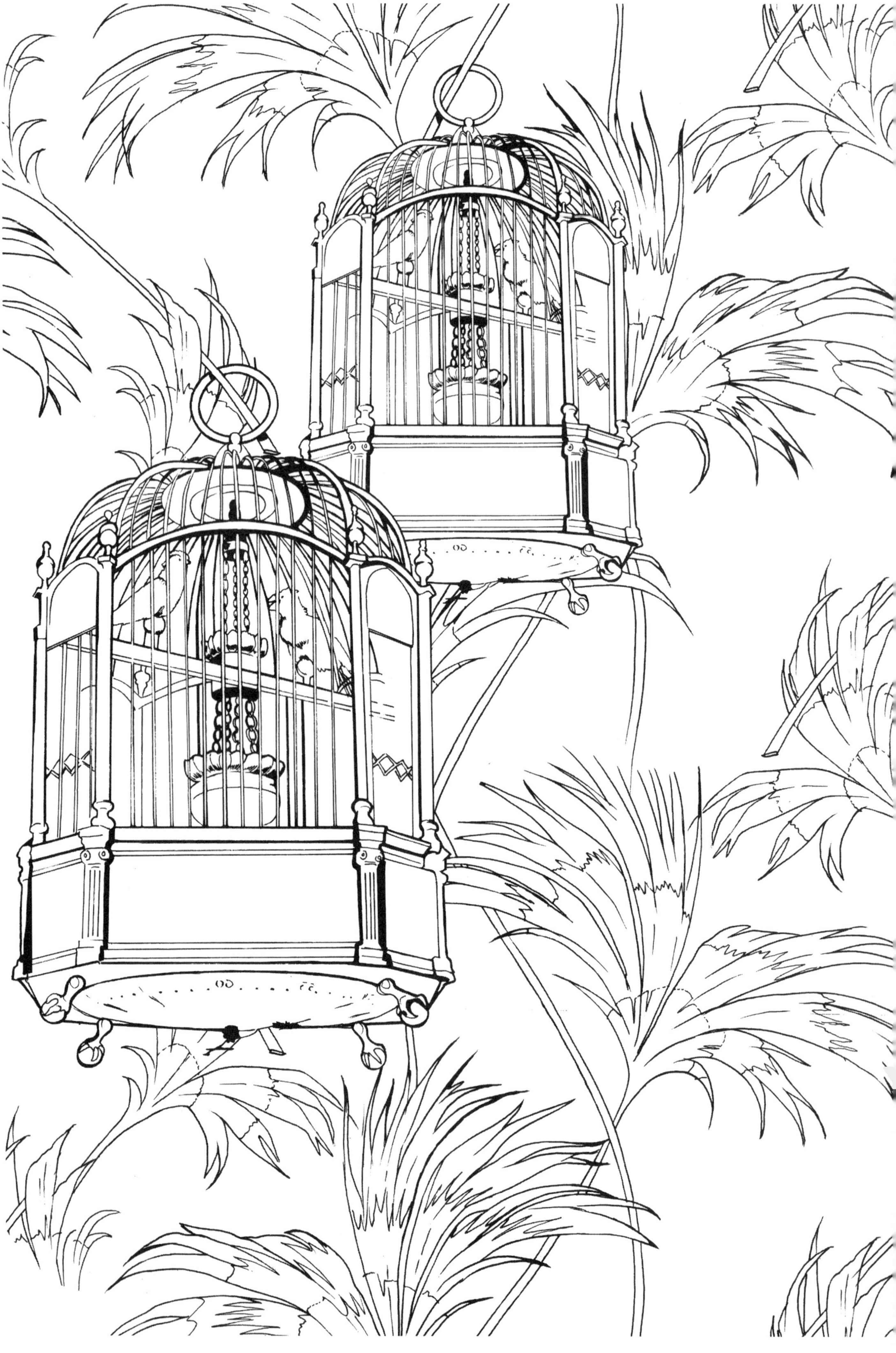

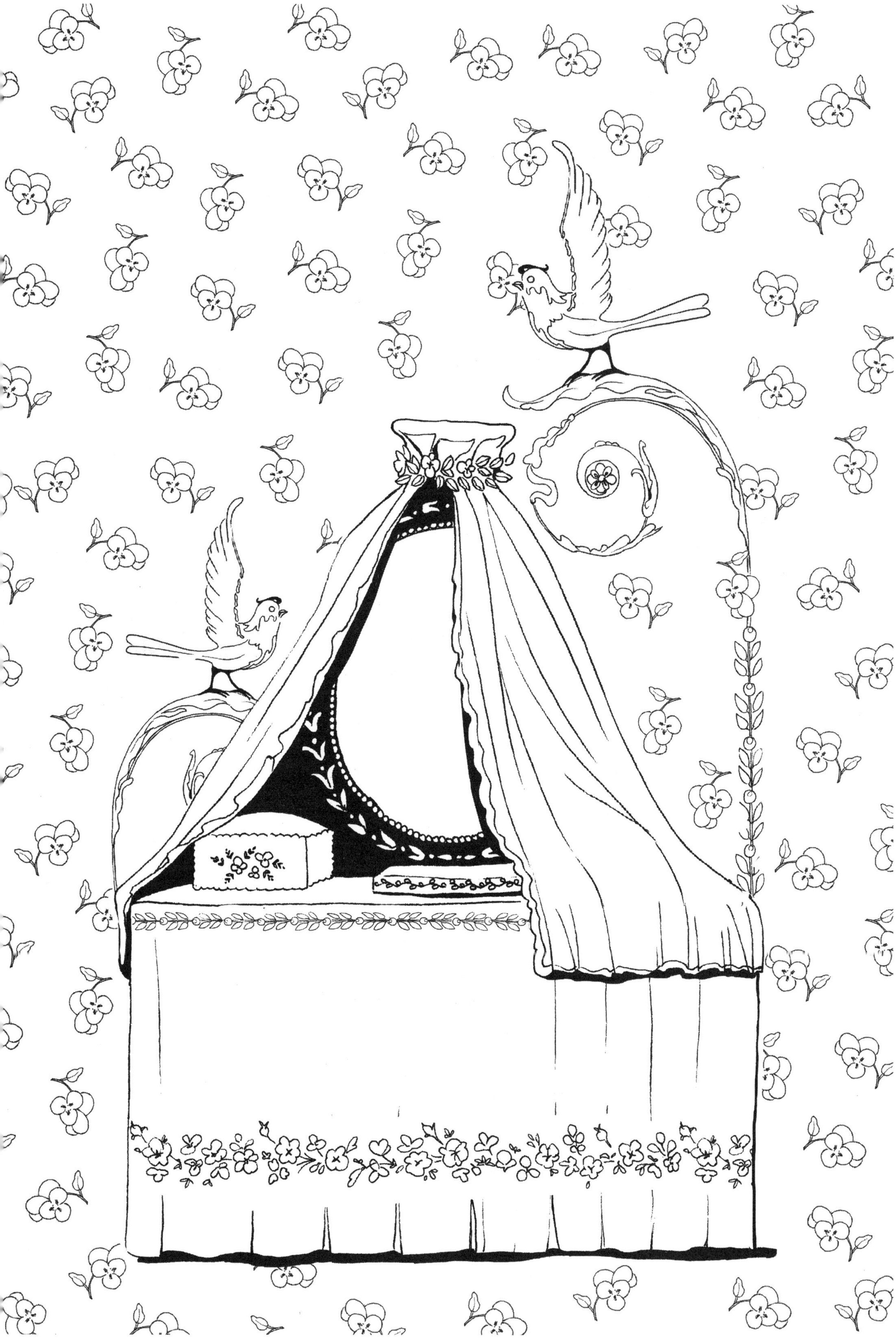

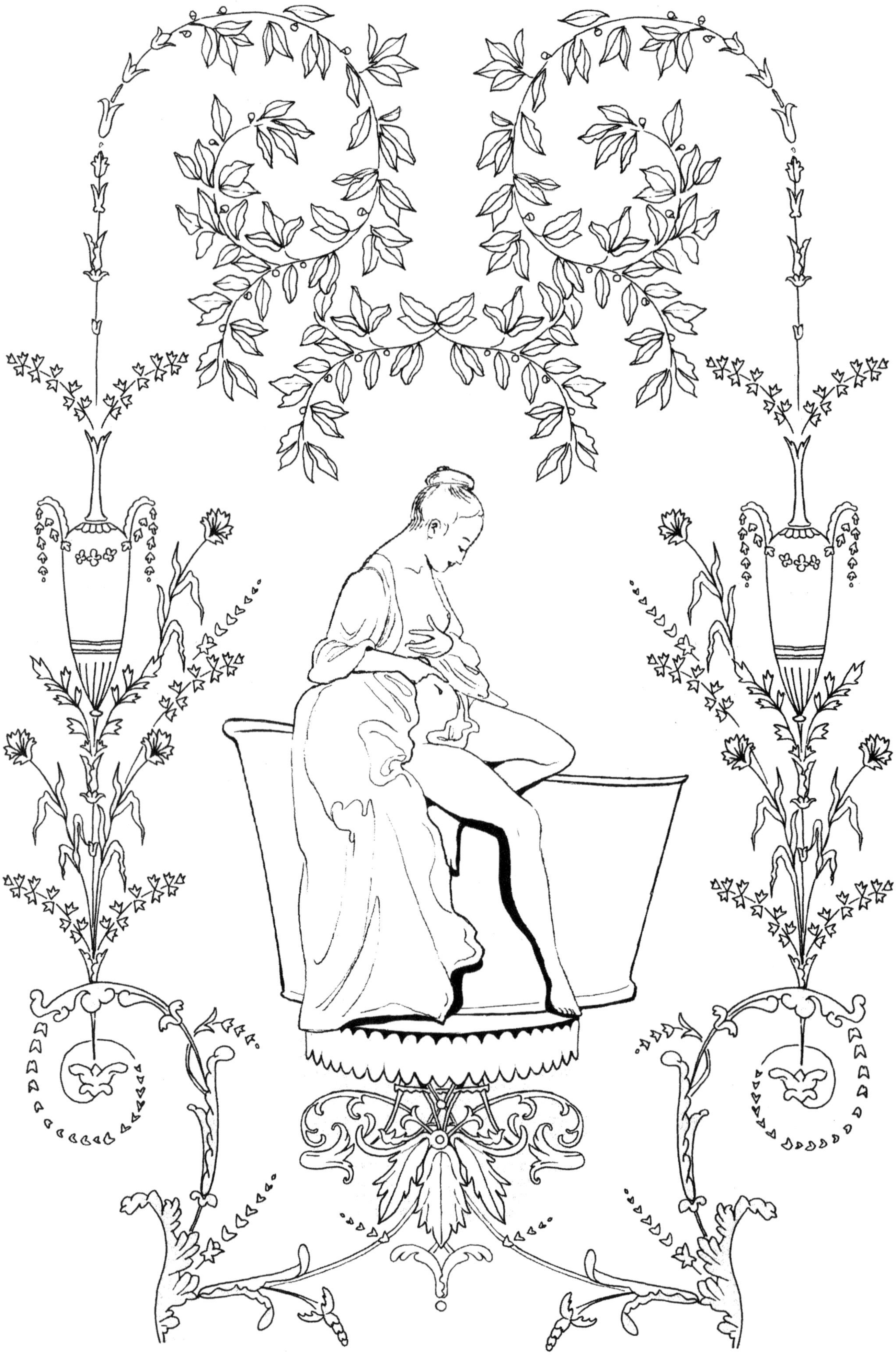

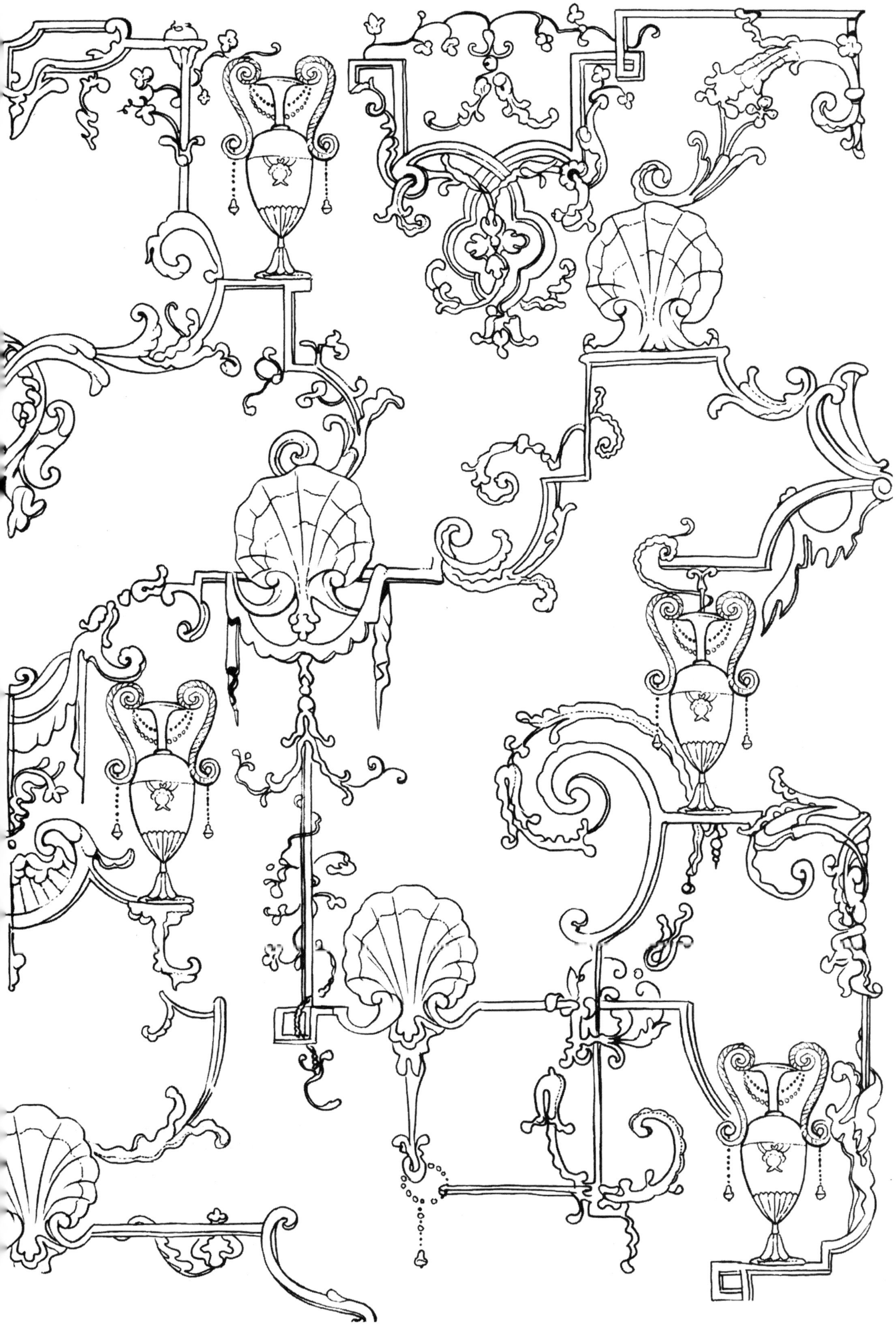

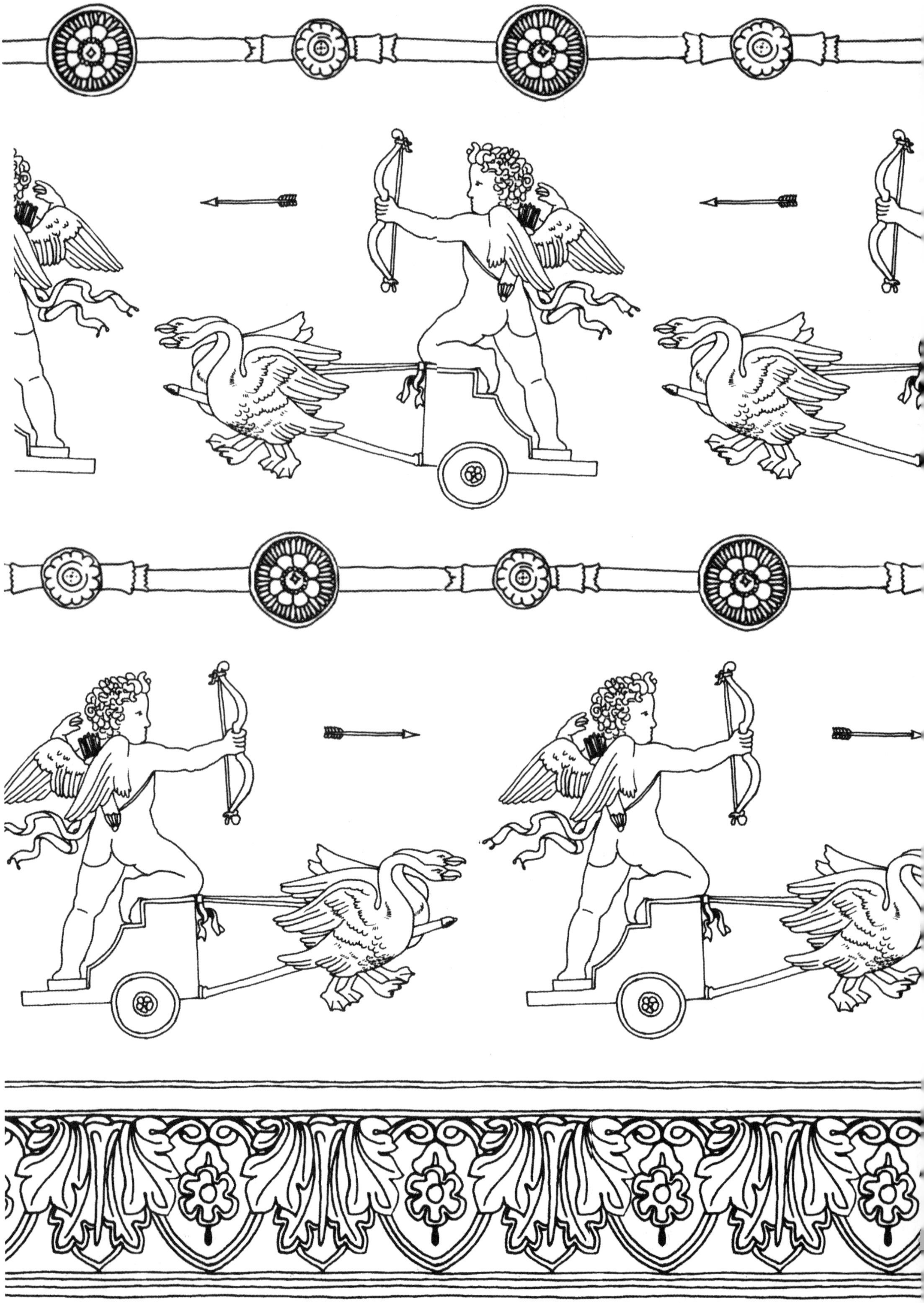

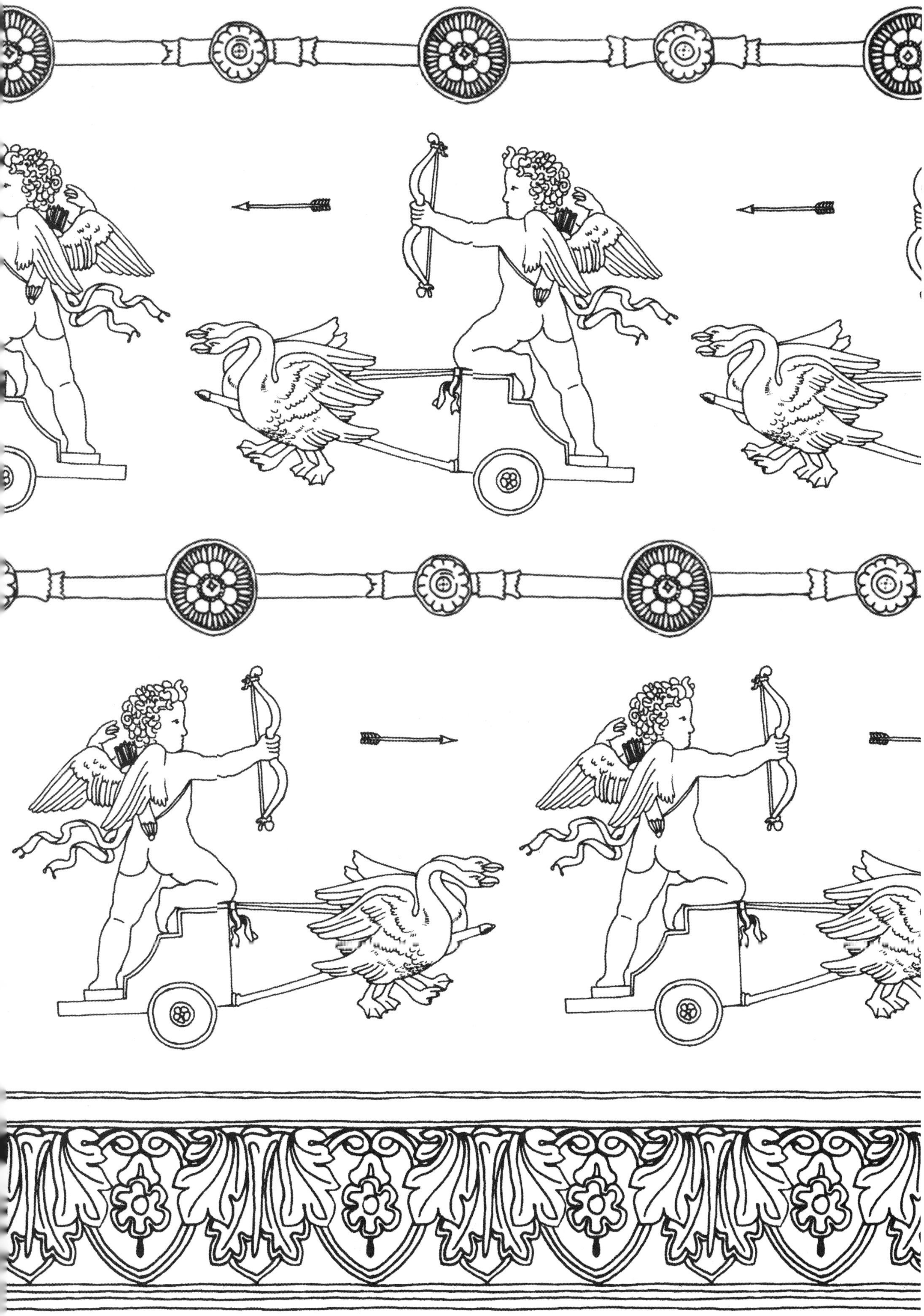

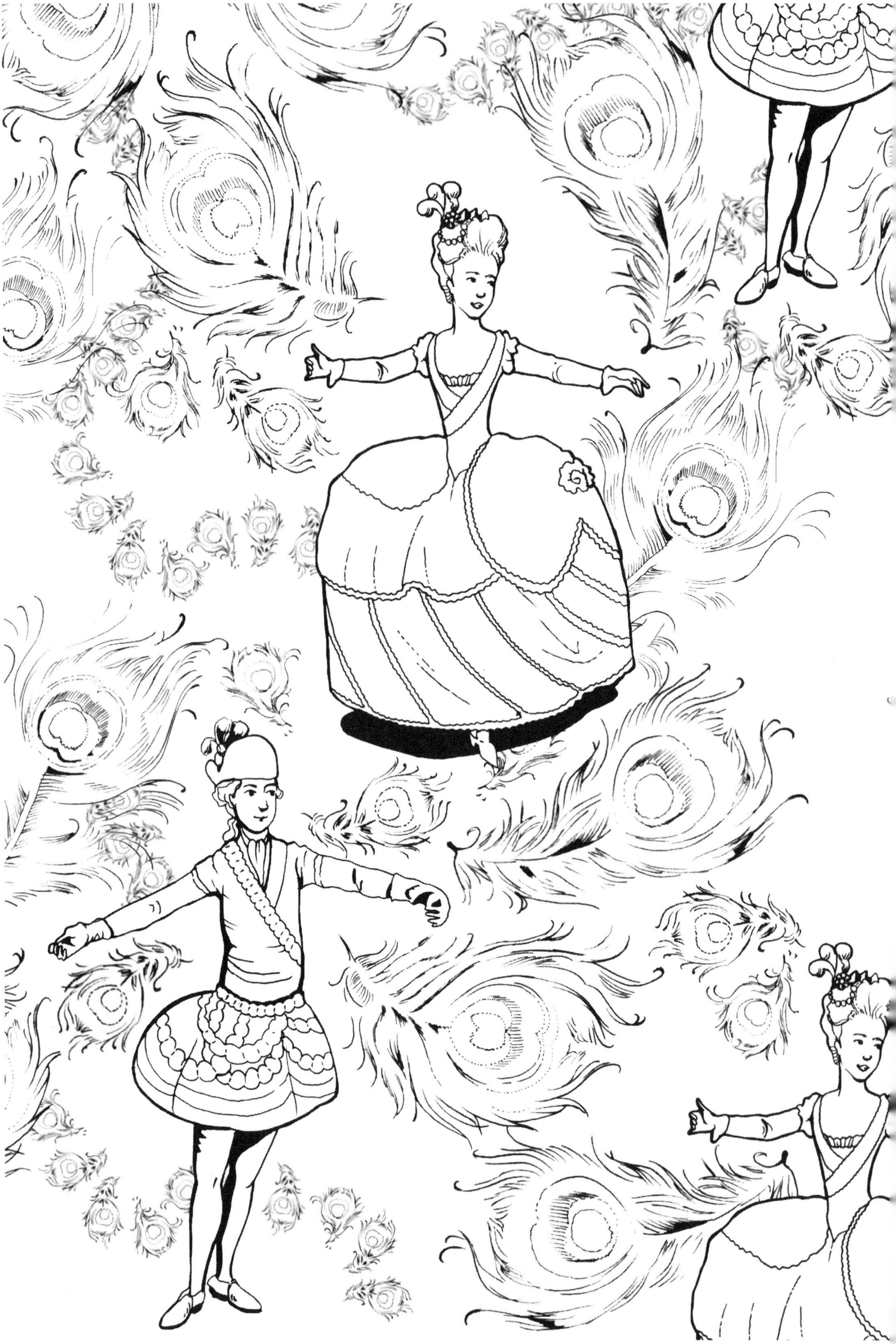

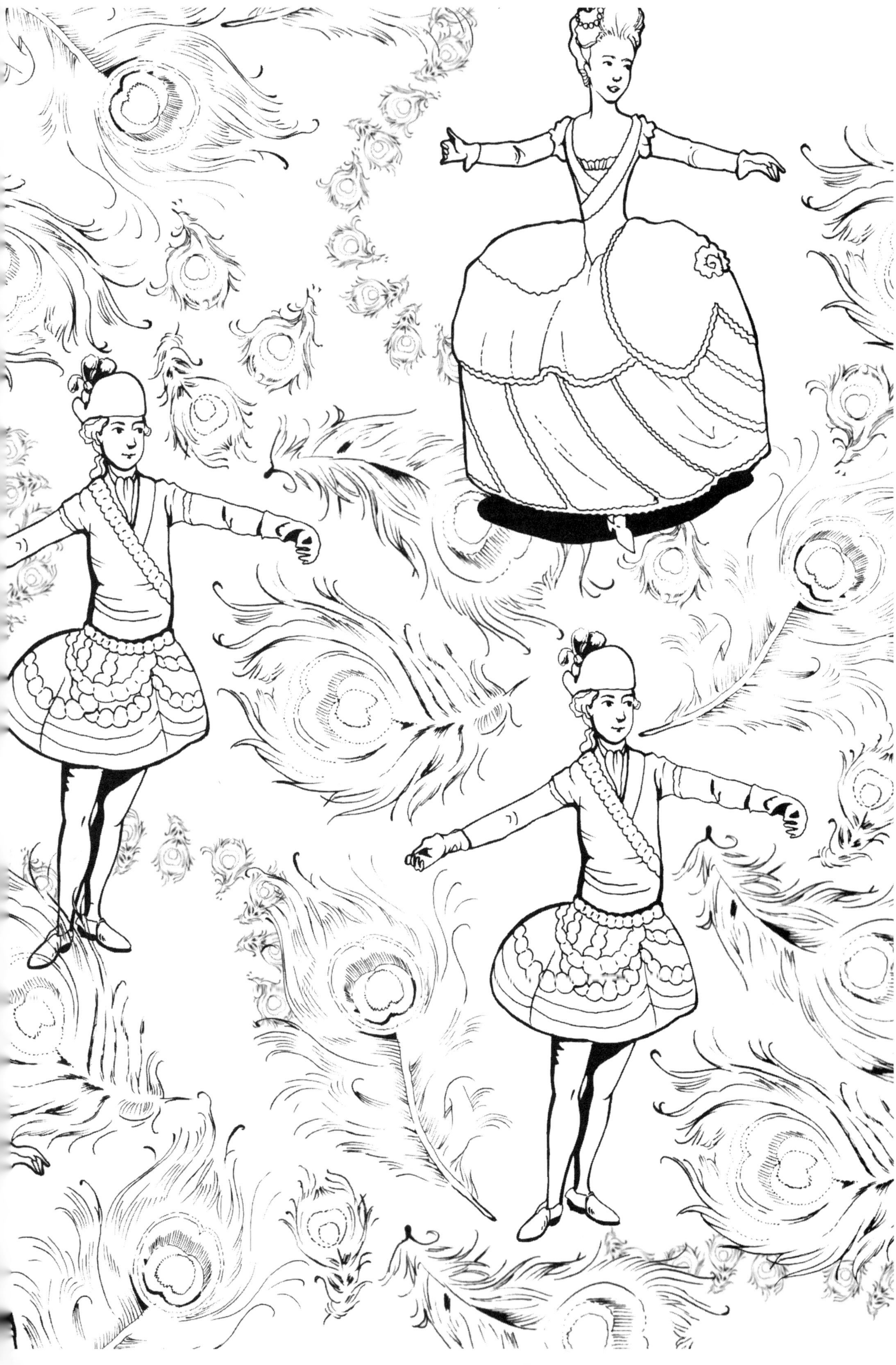

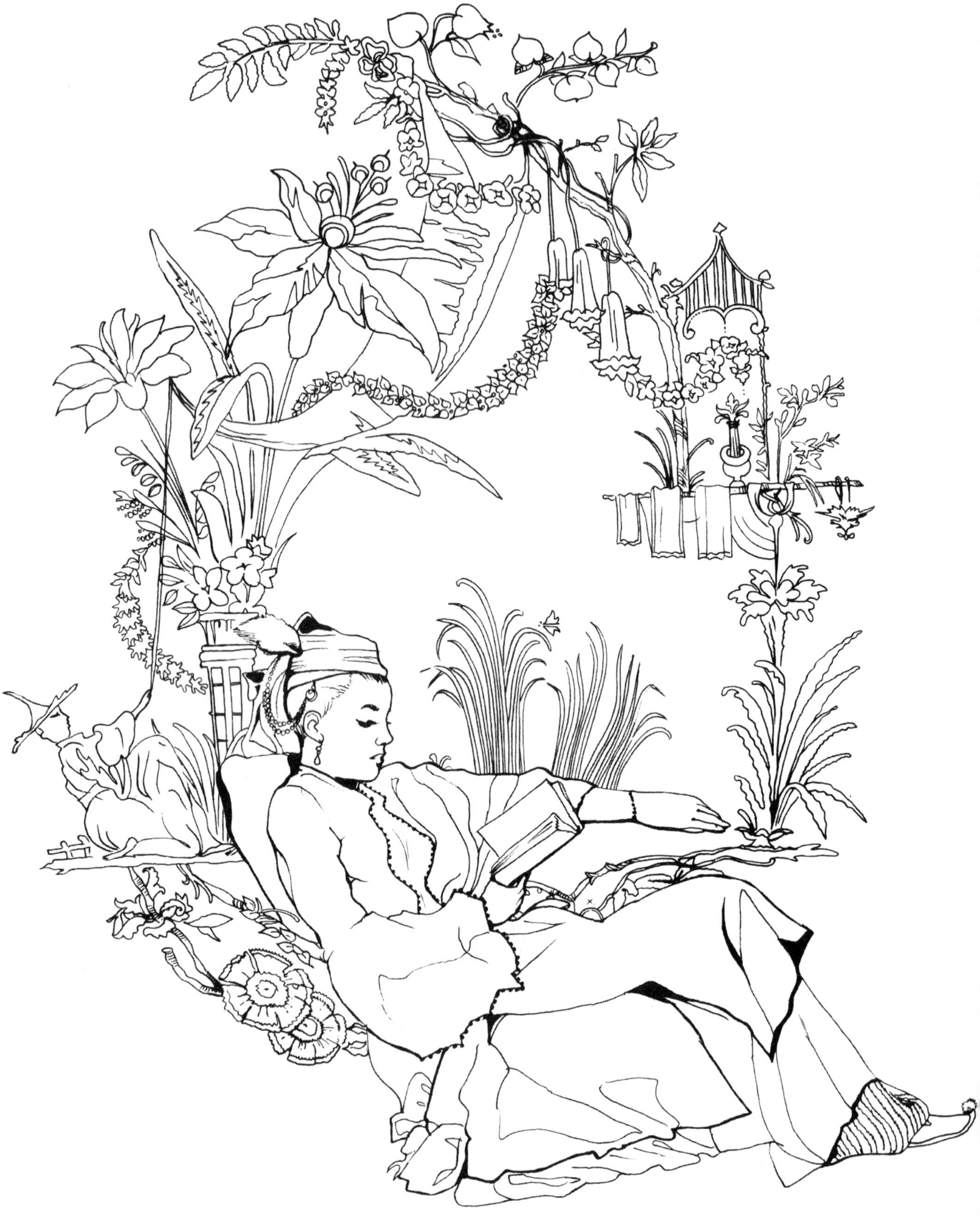

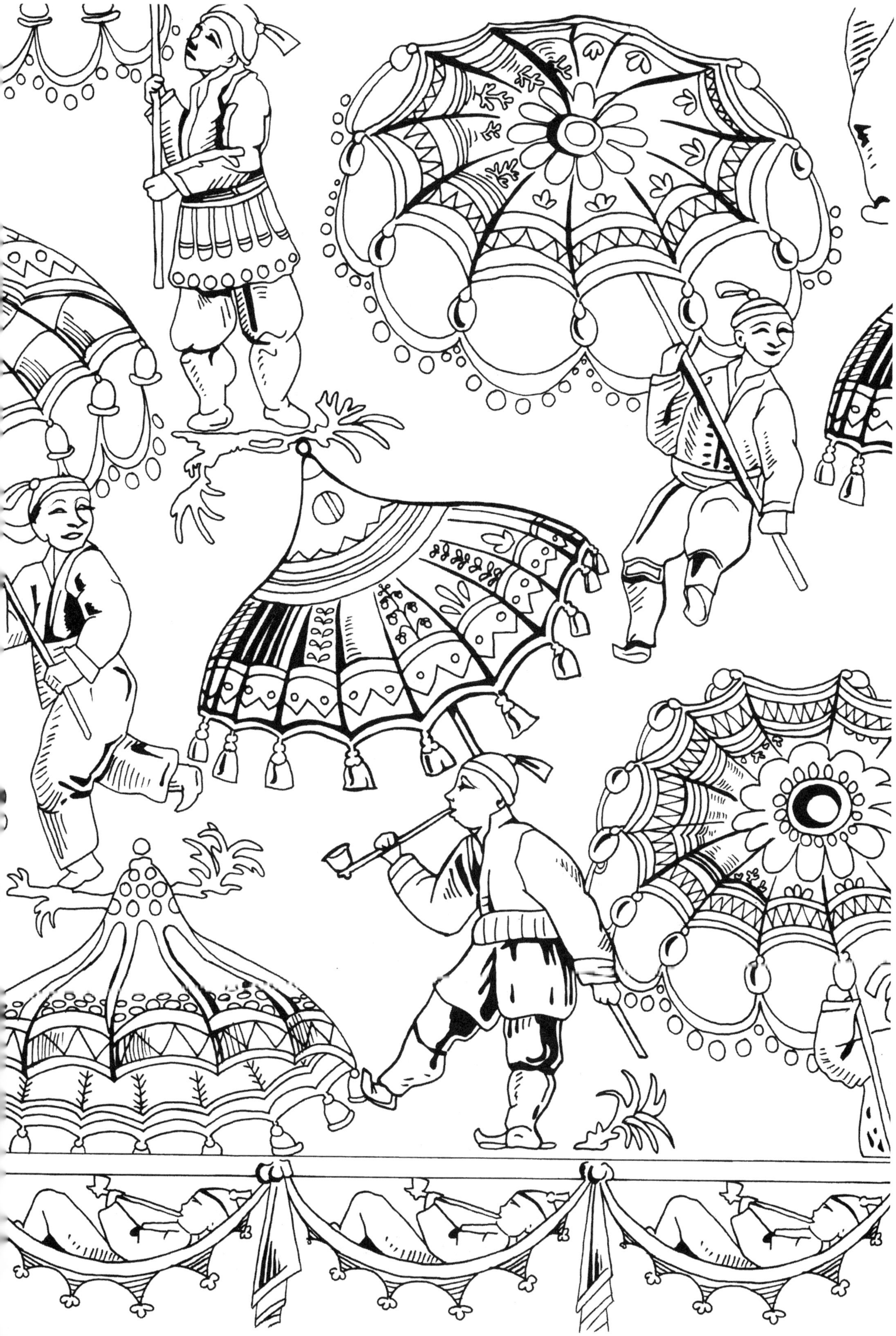

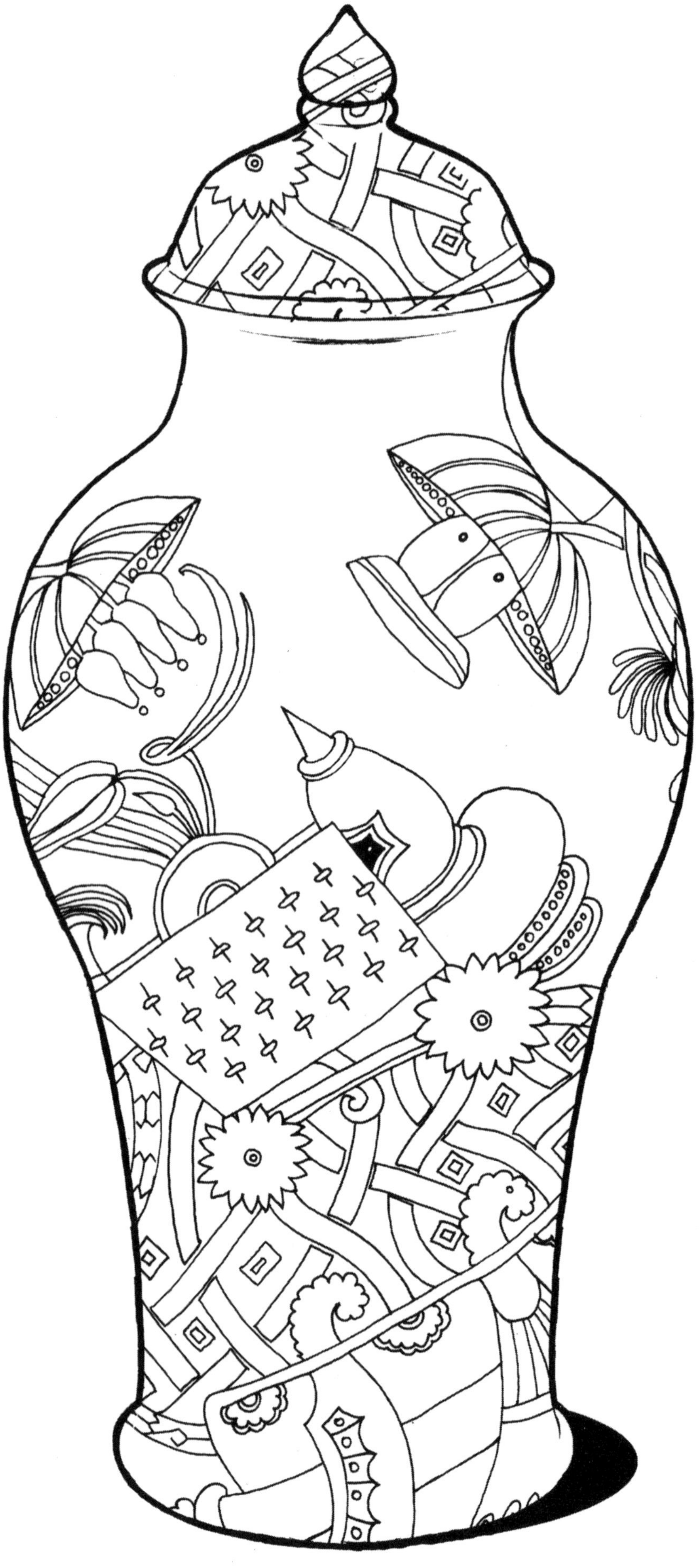

Dessinez votre chinoiserie…

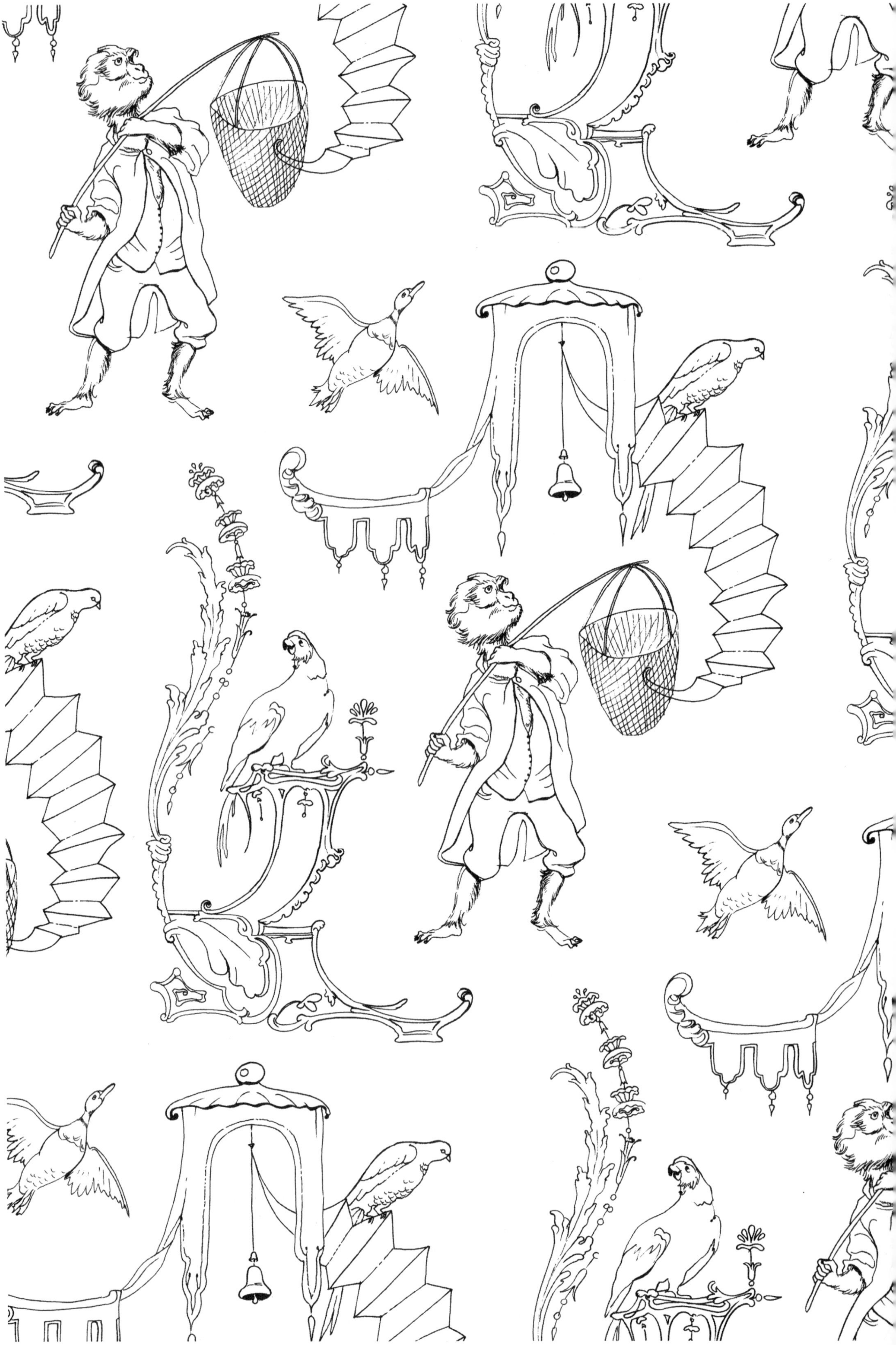

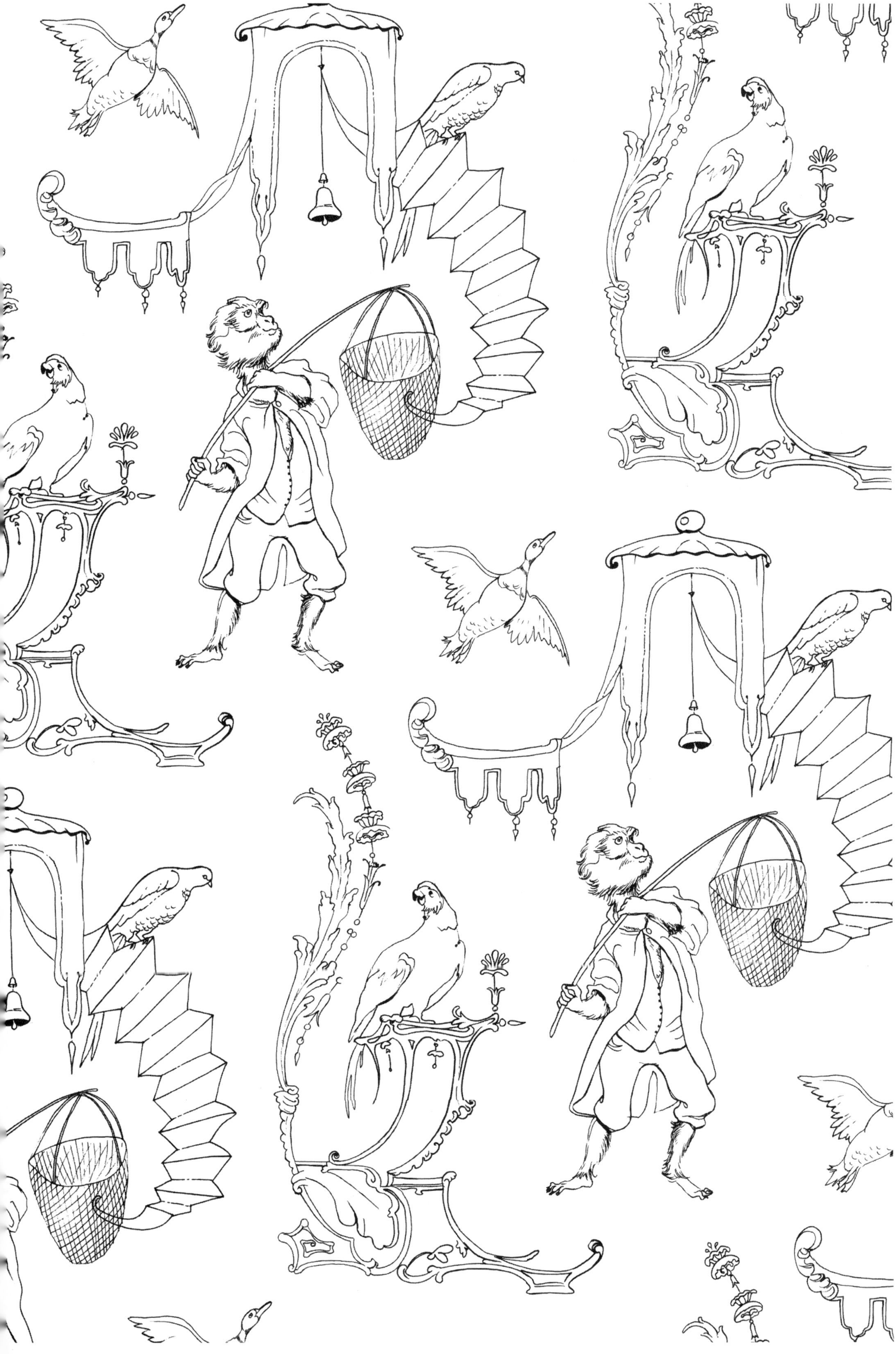

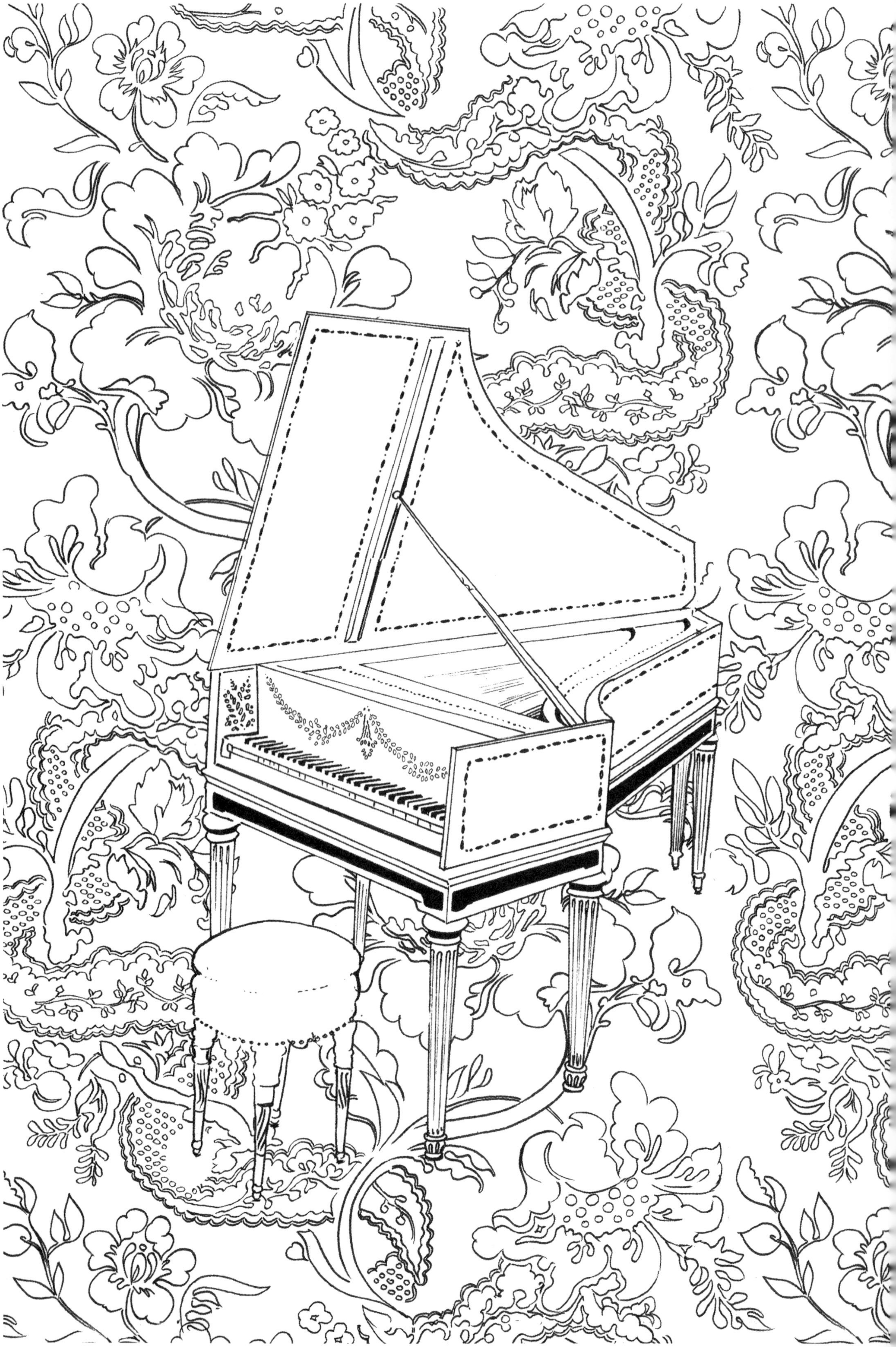

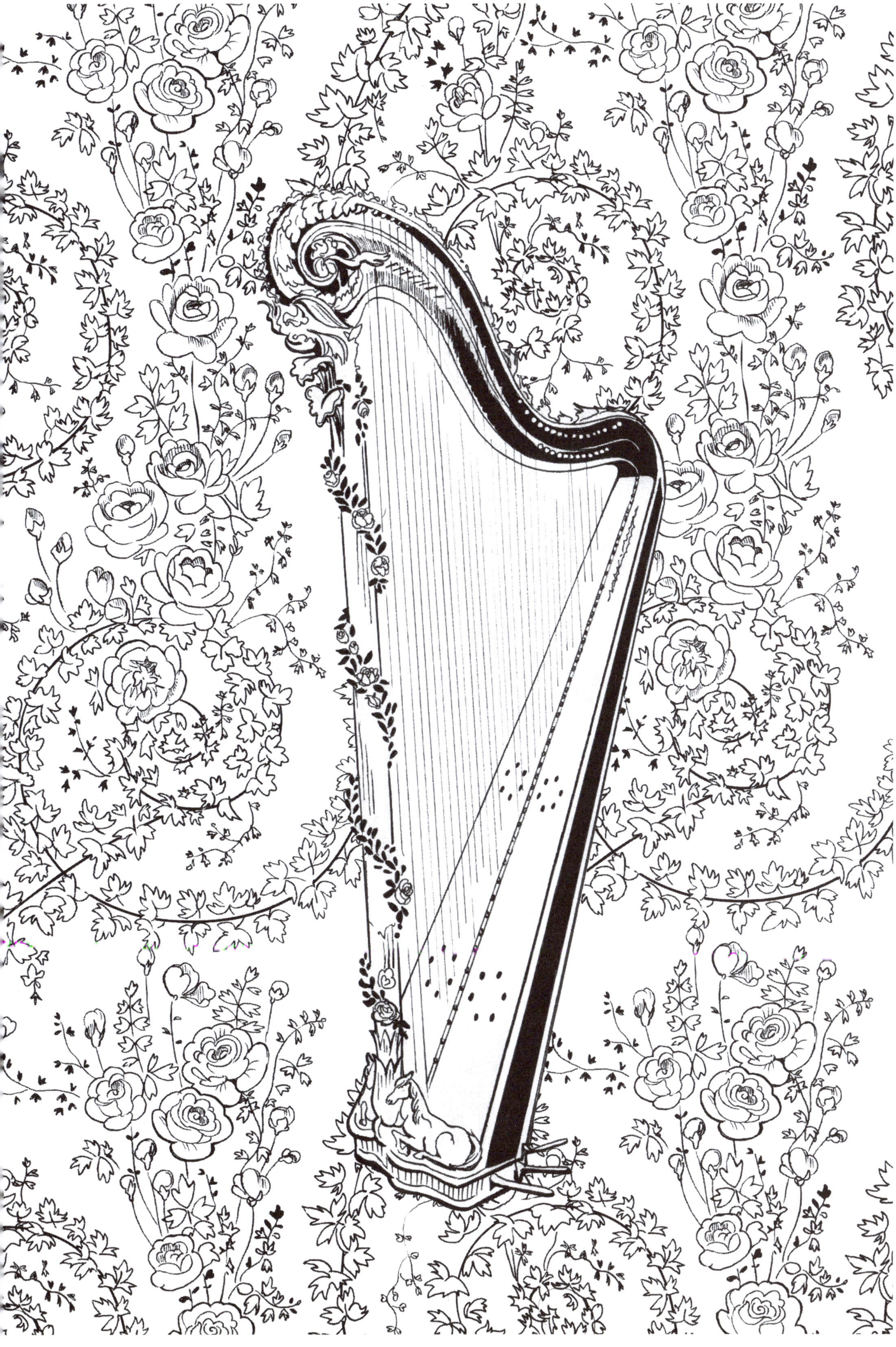

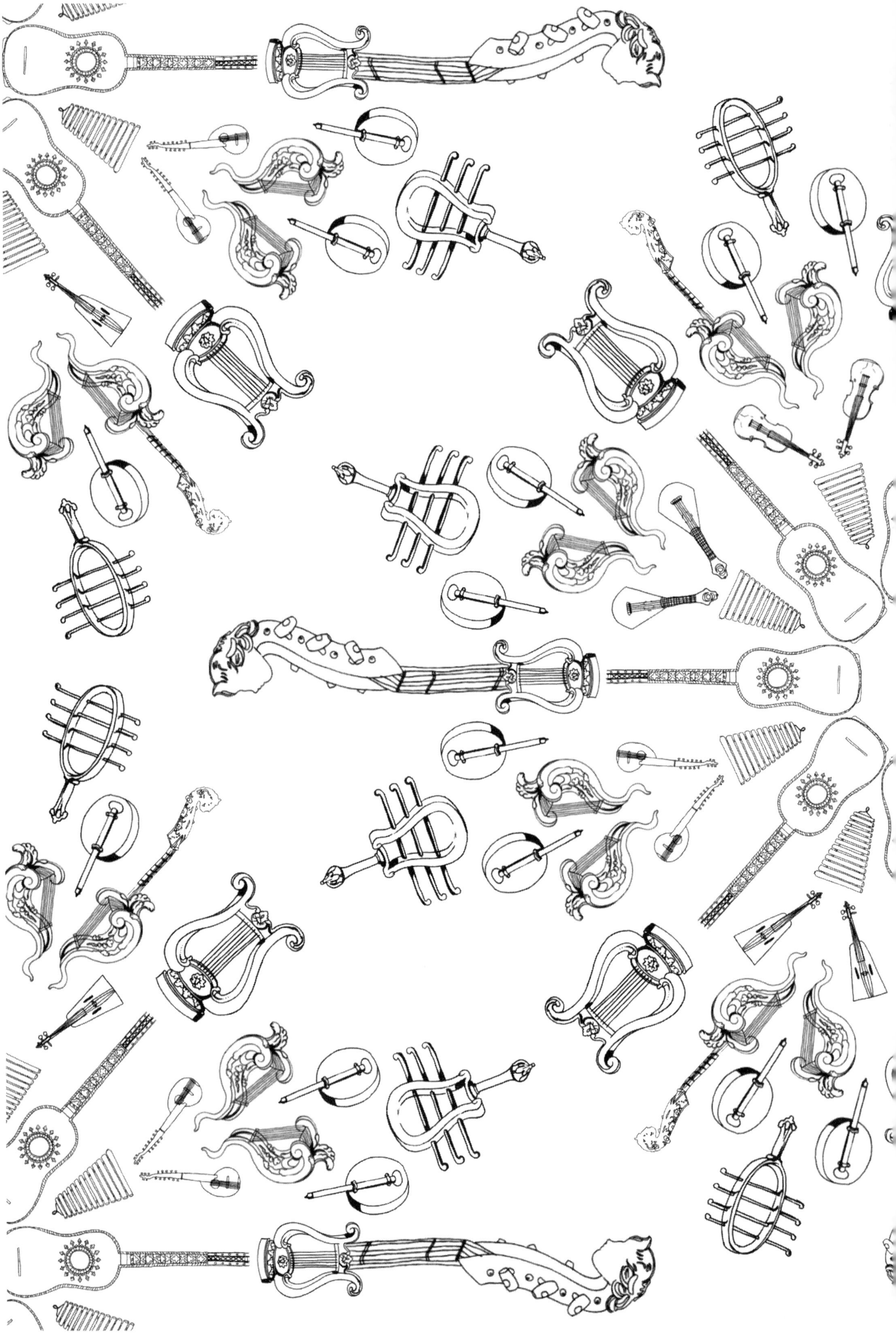

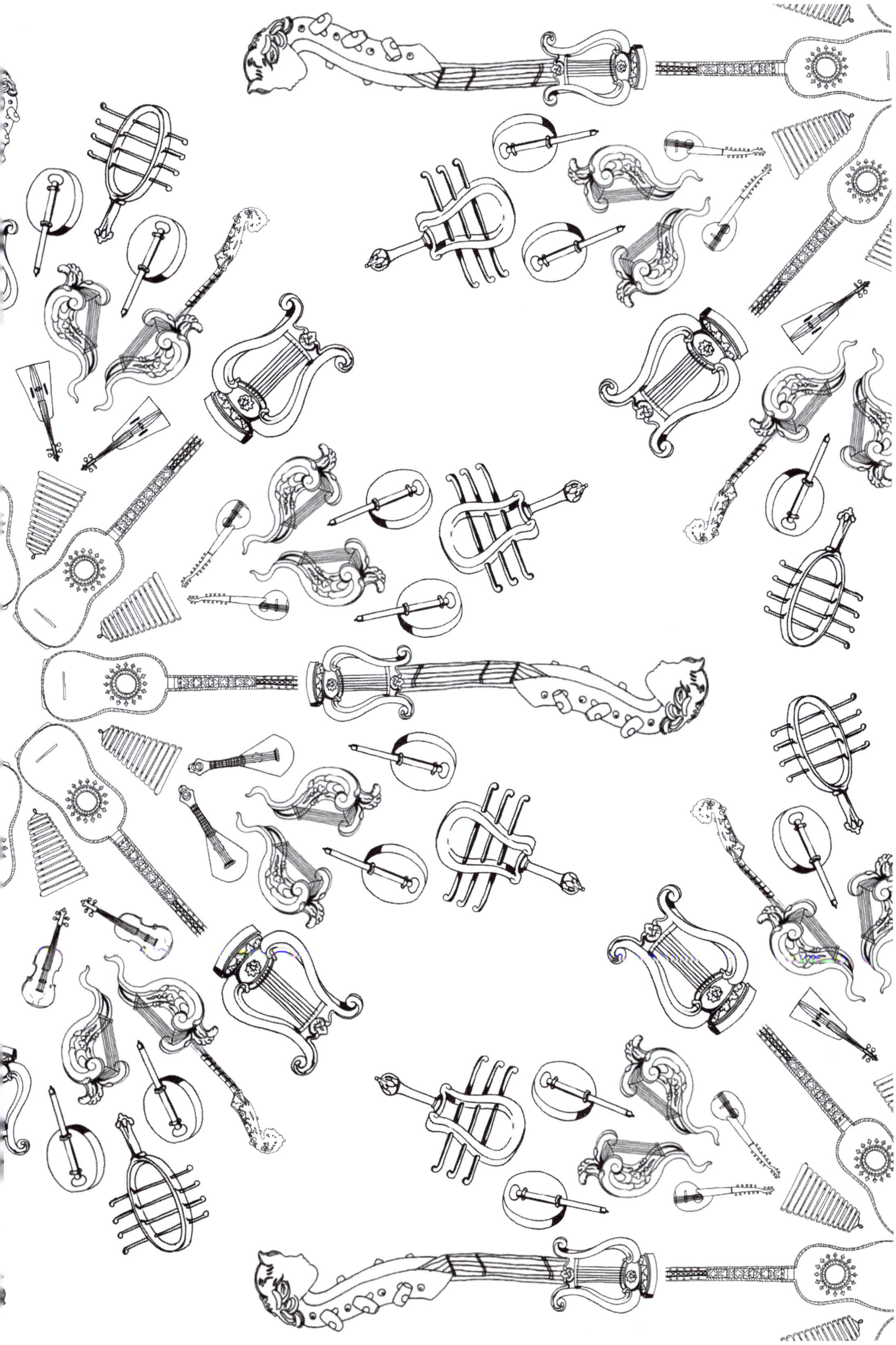

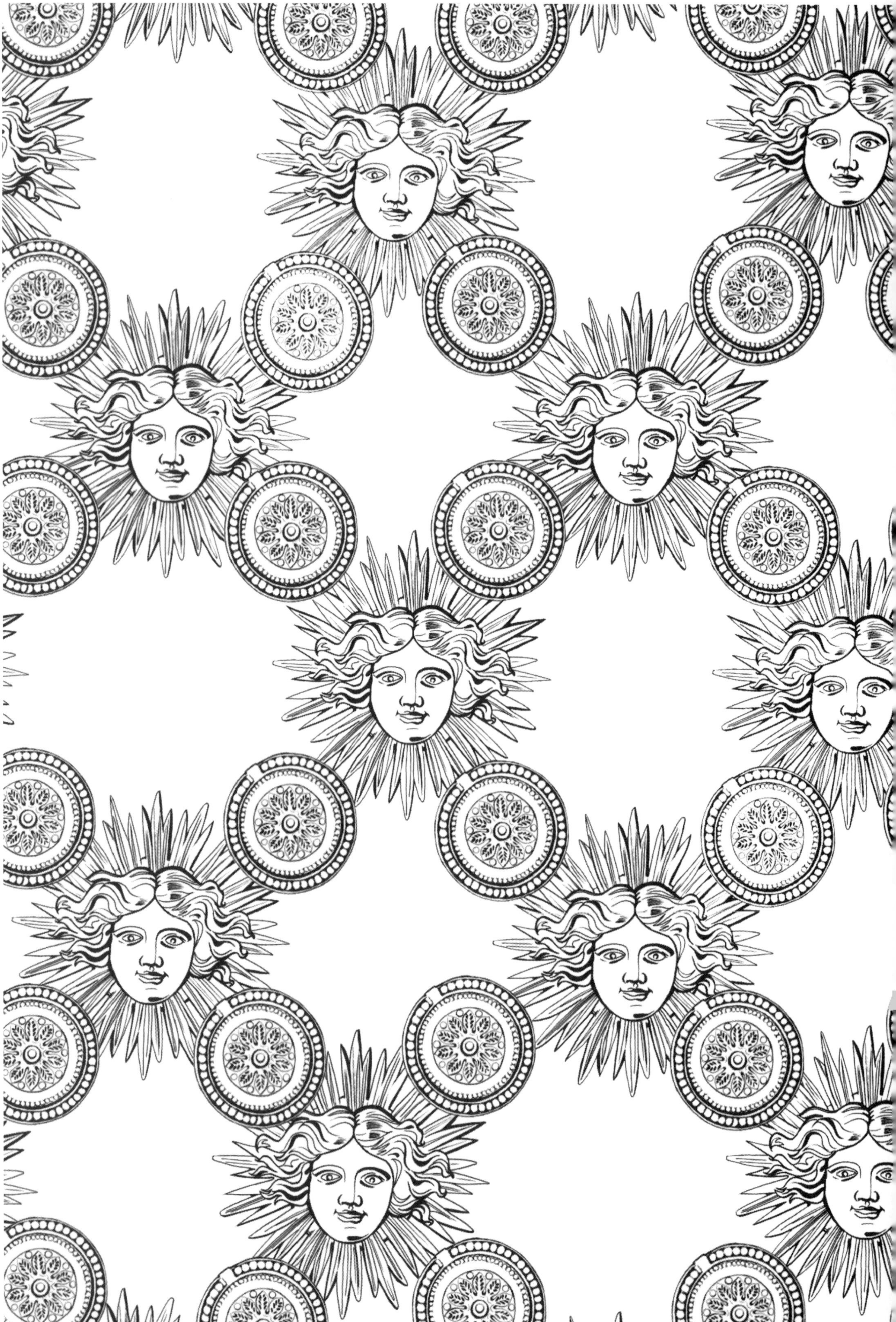

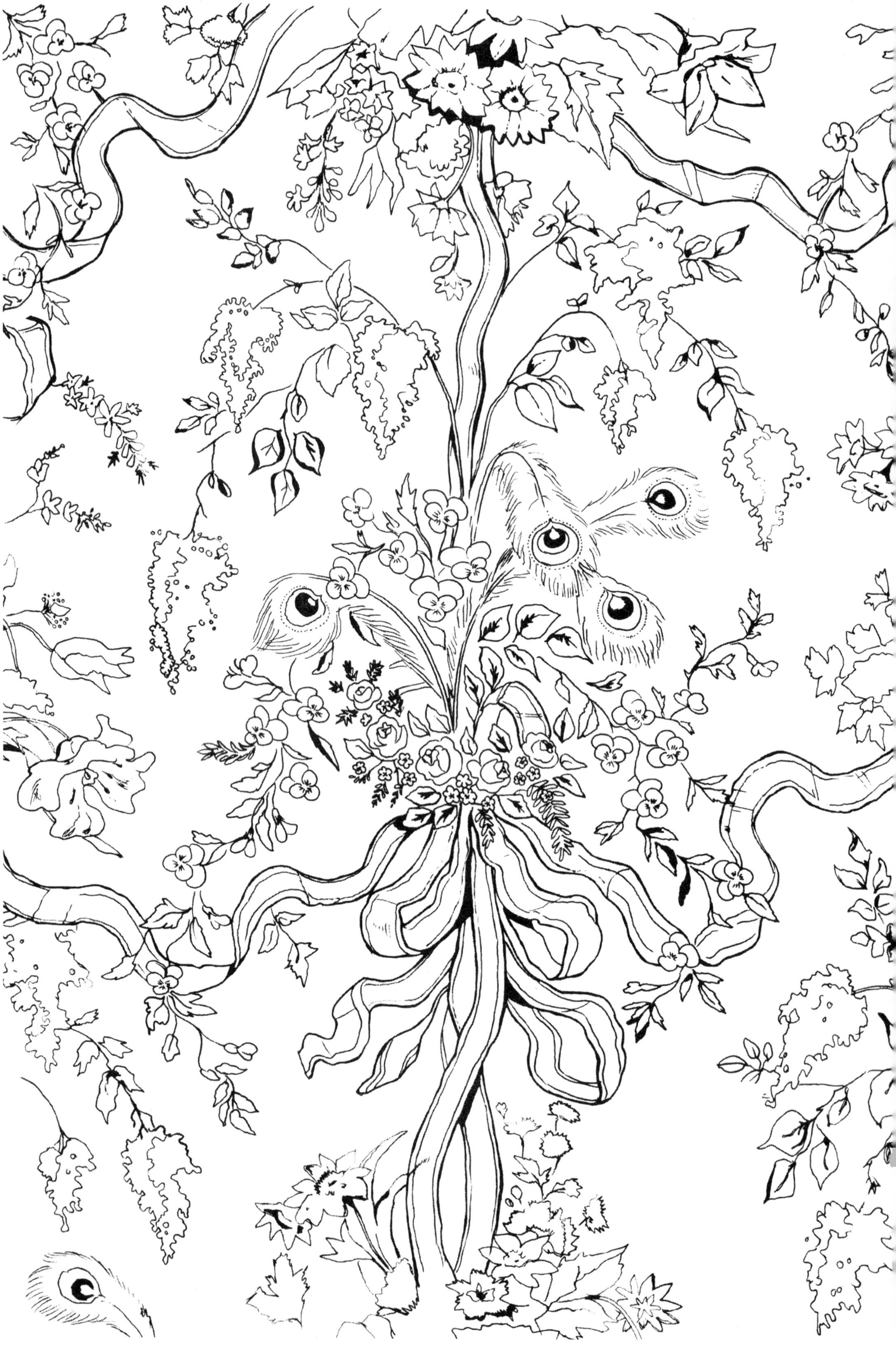

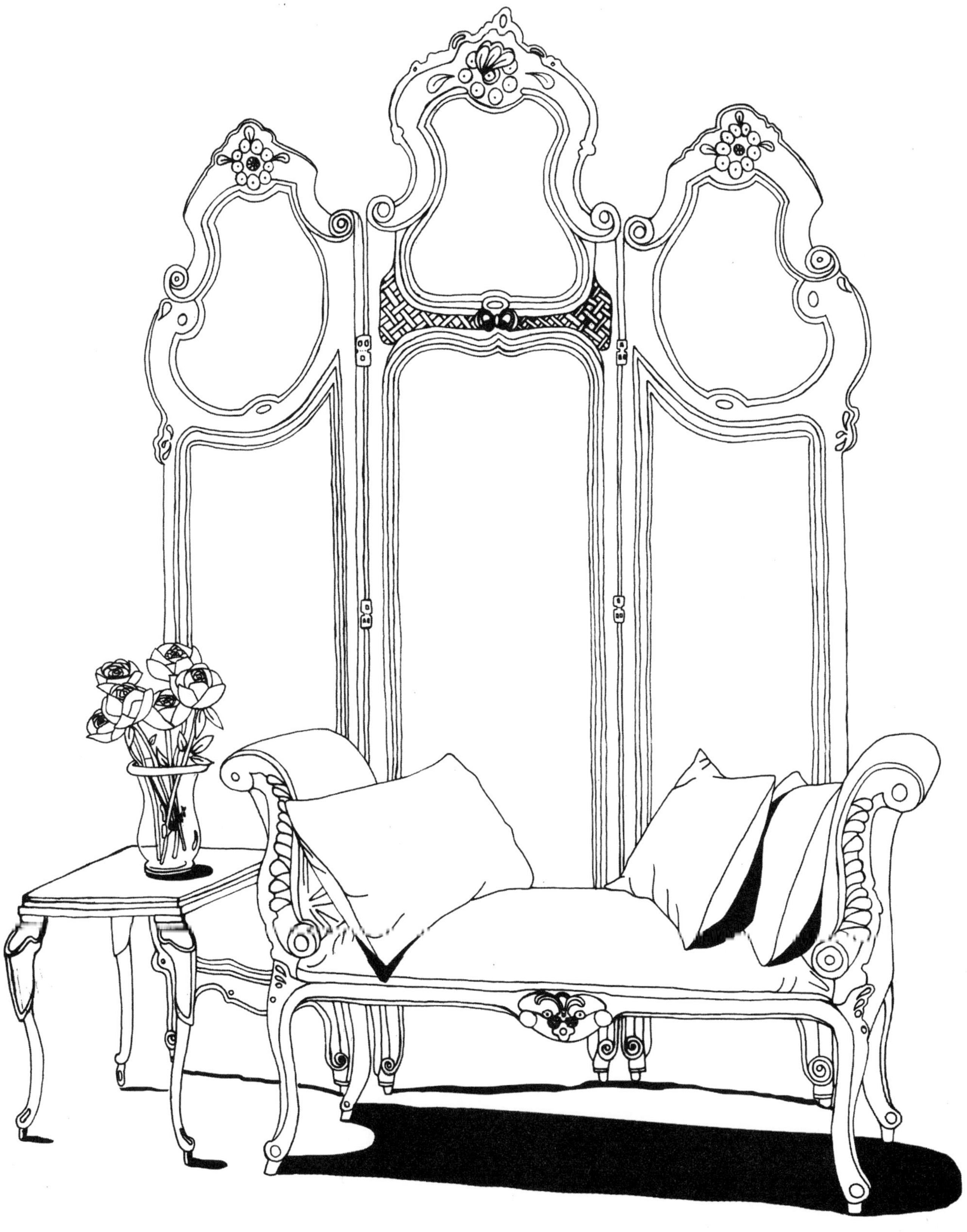

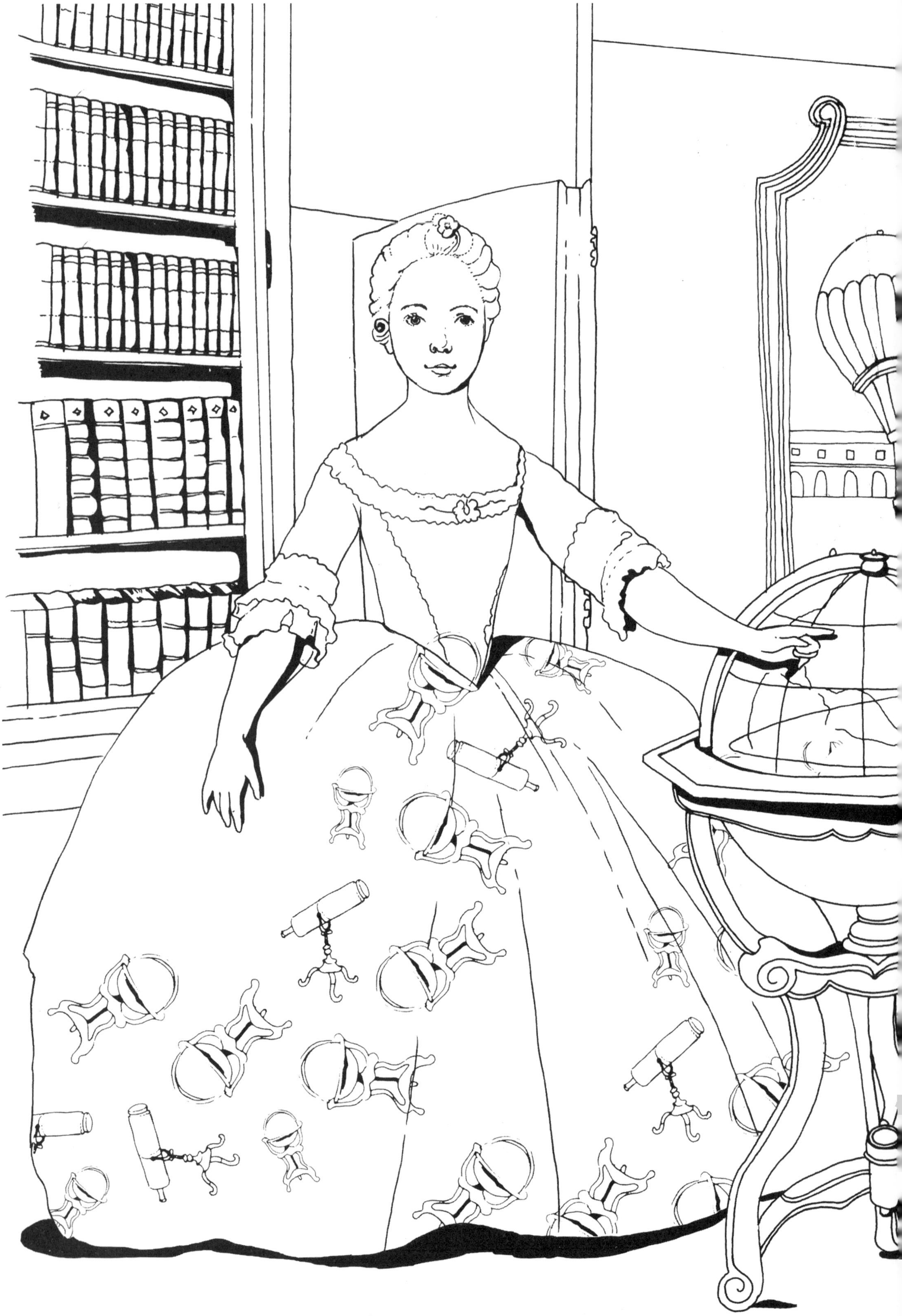

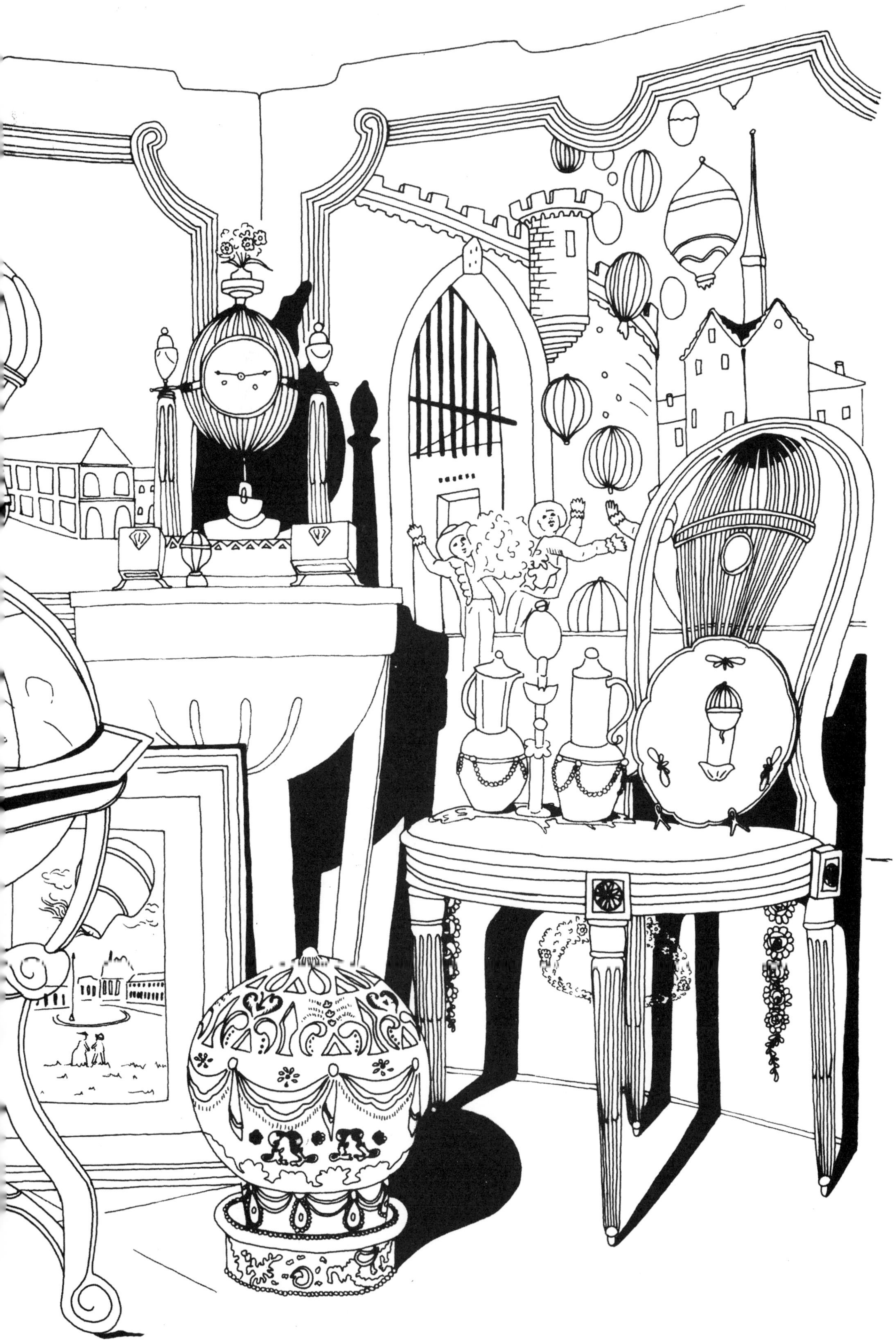

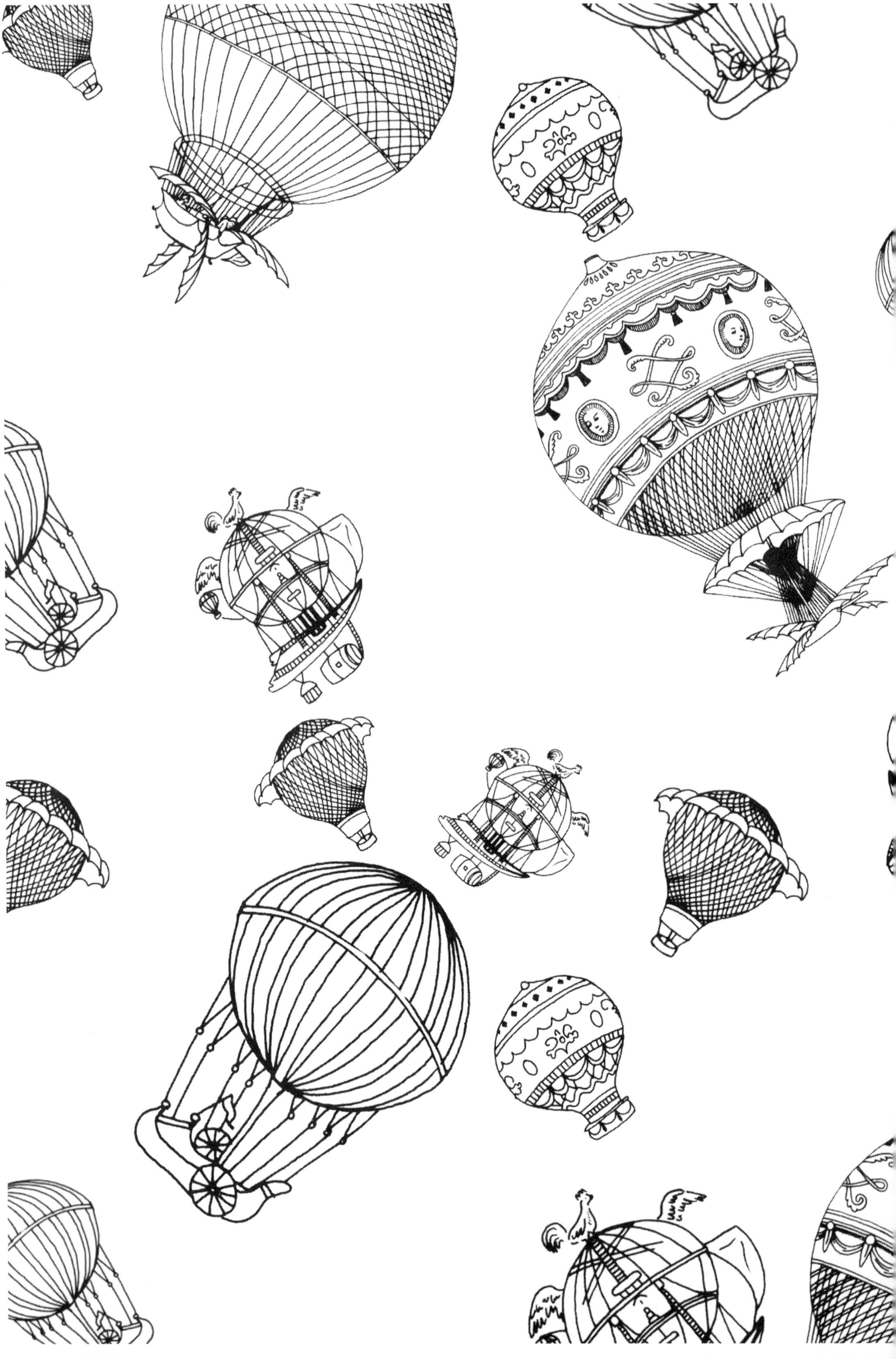

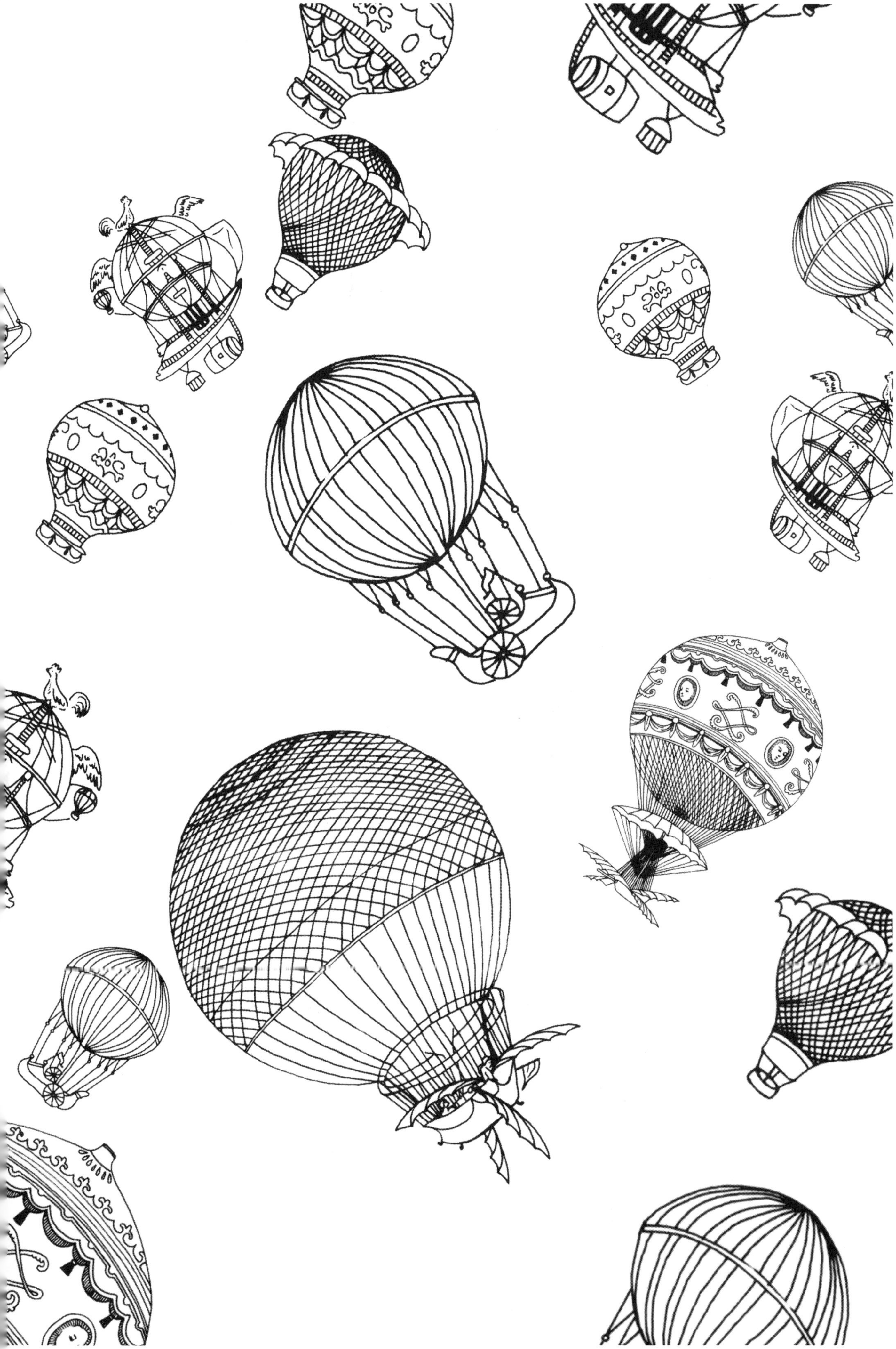

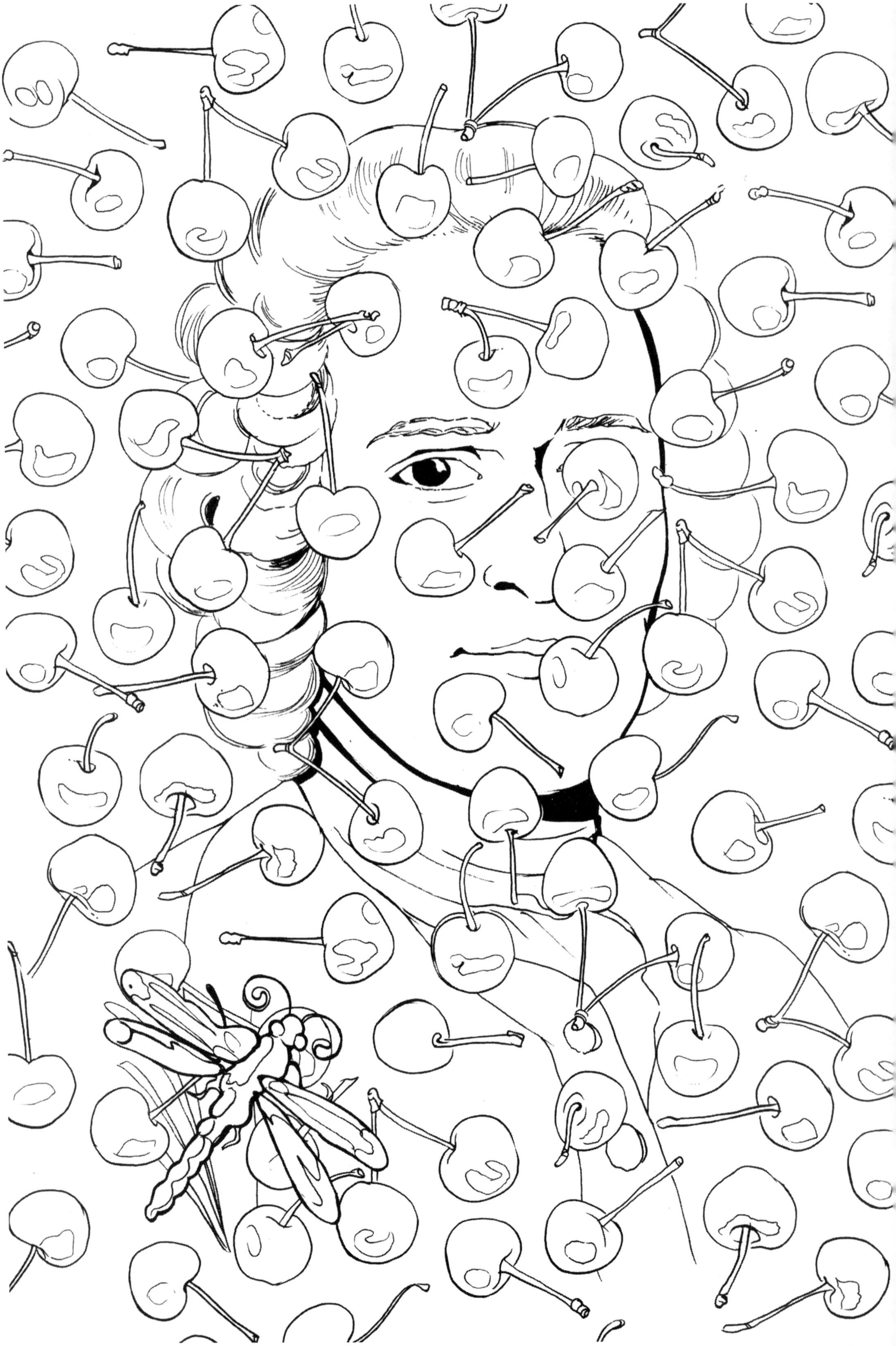

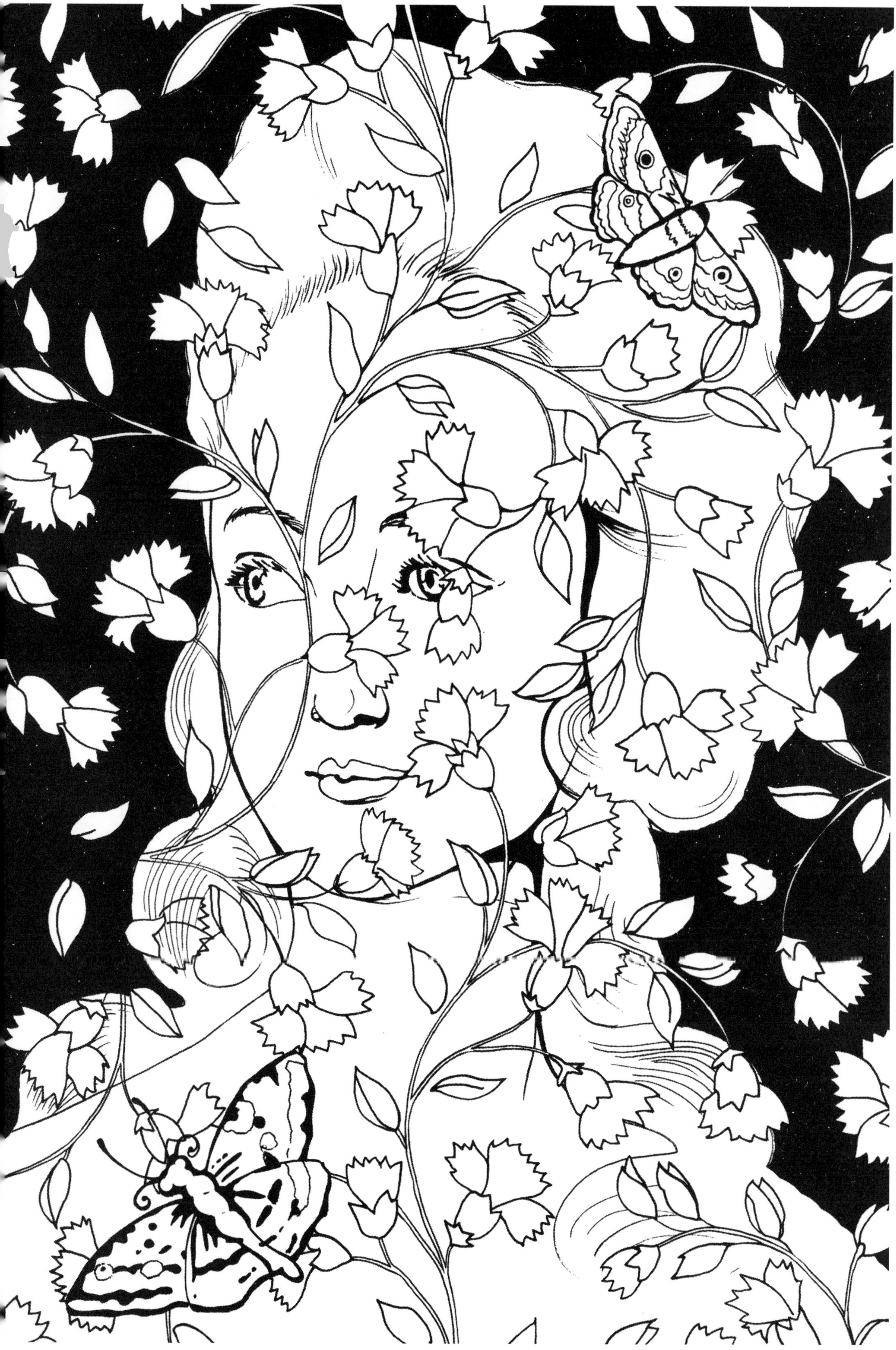

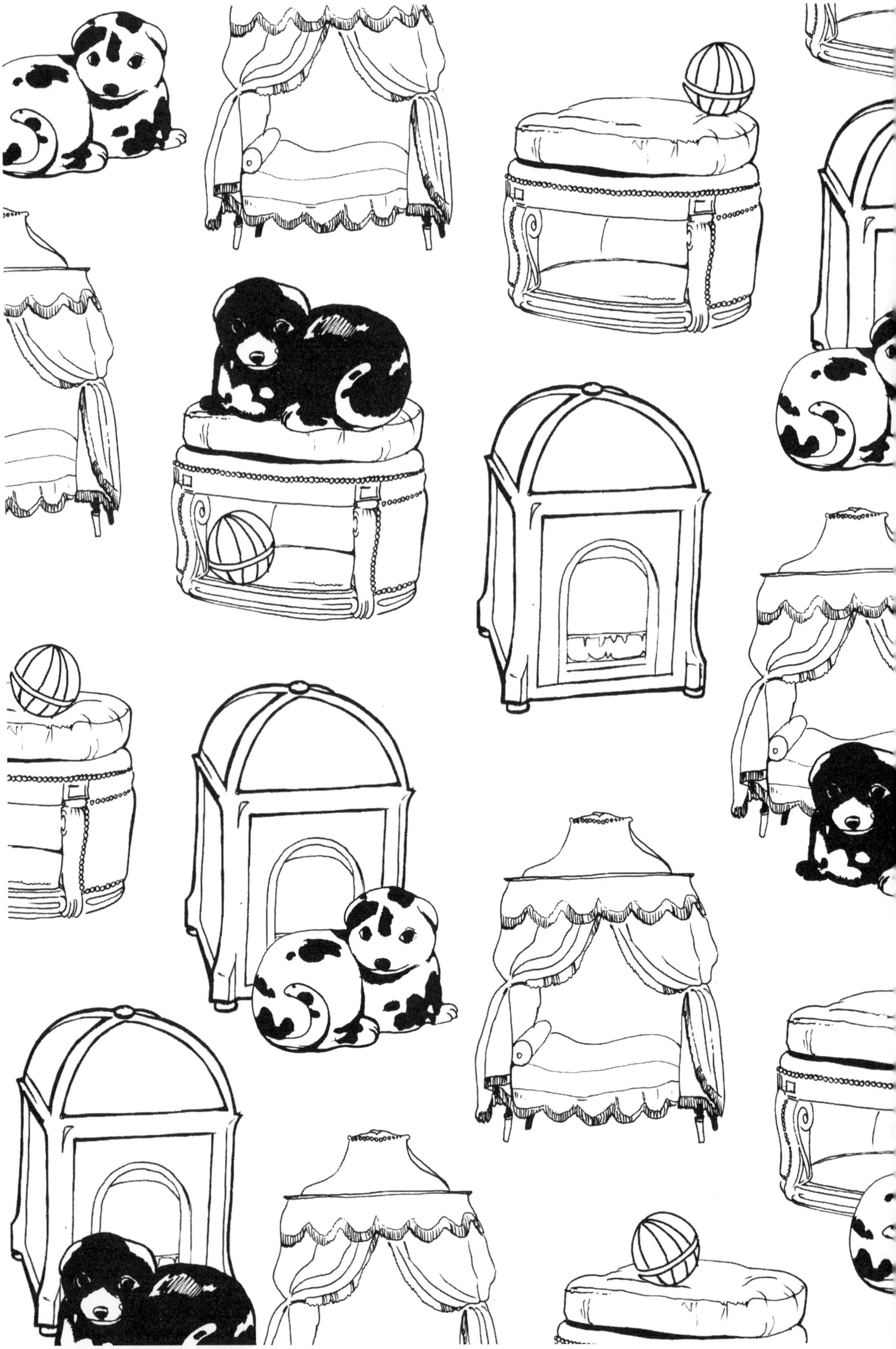

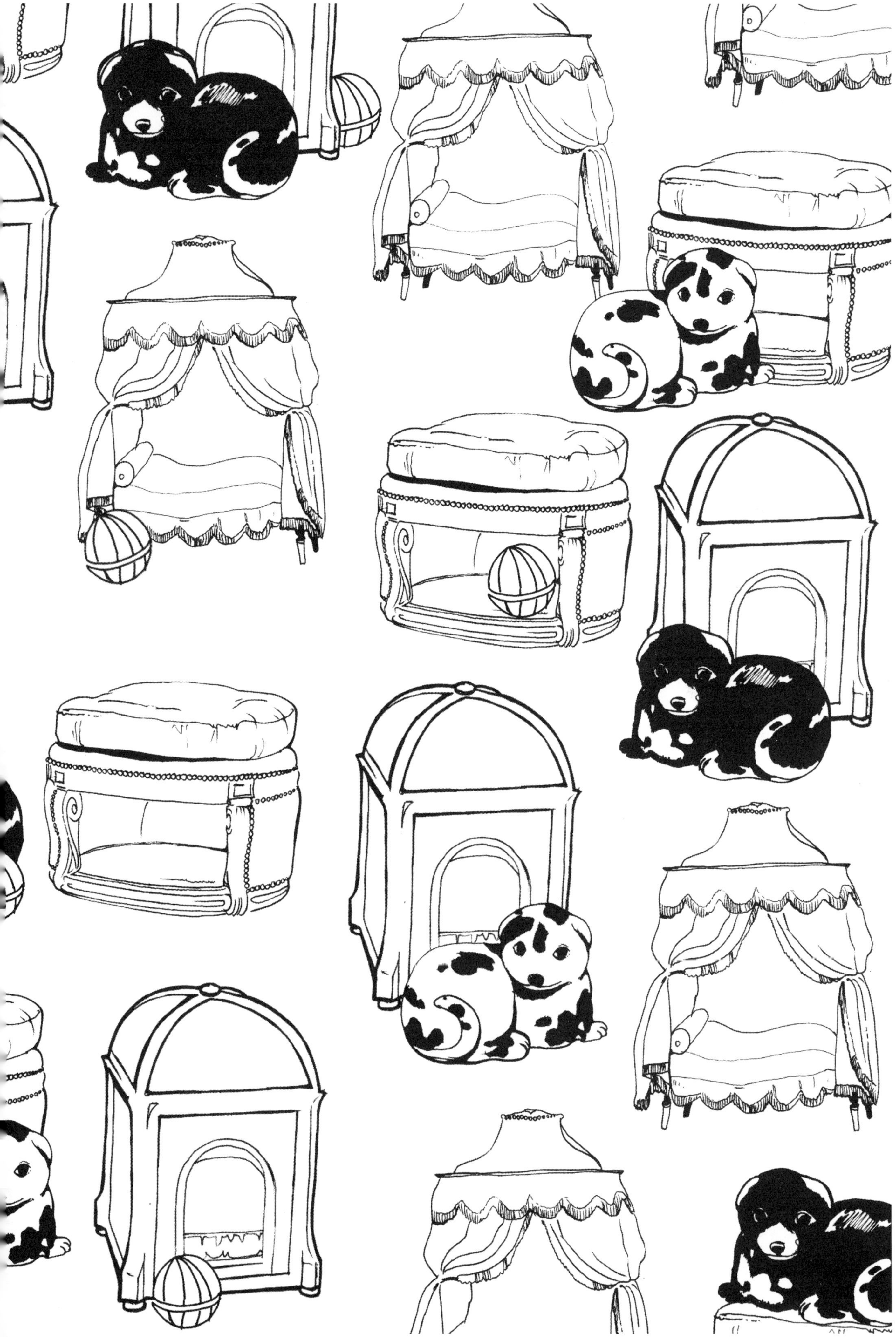

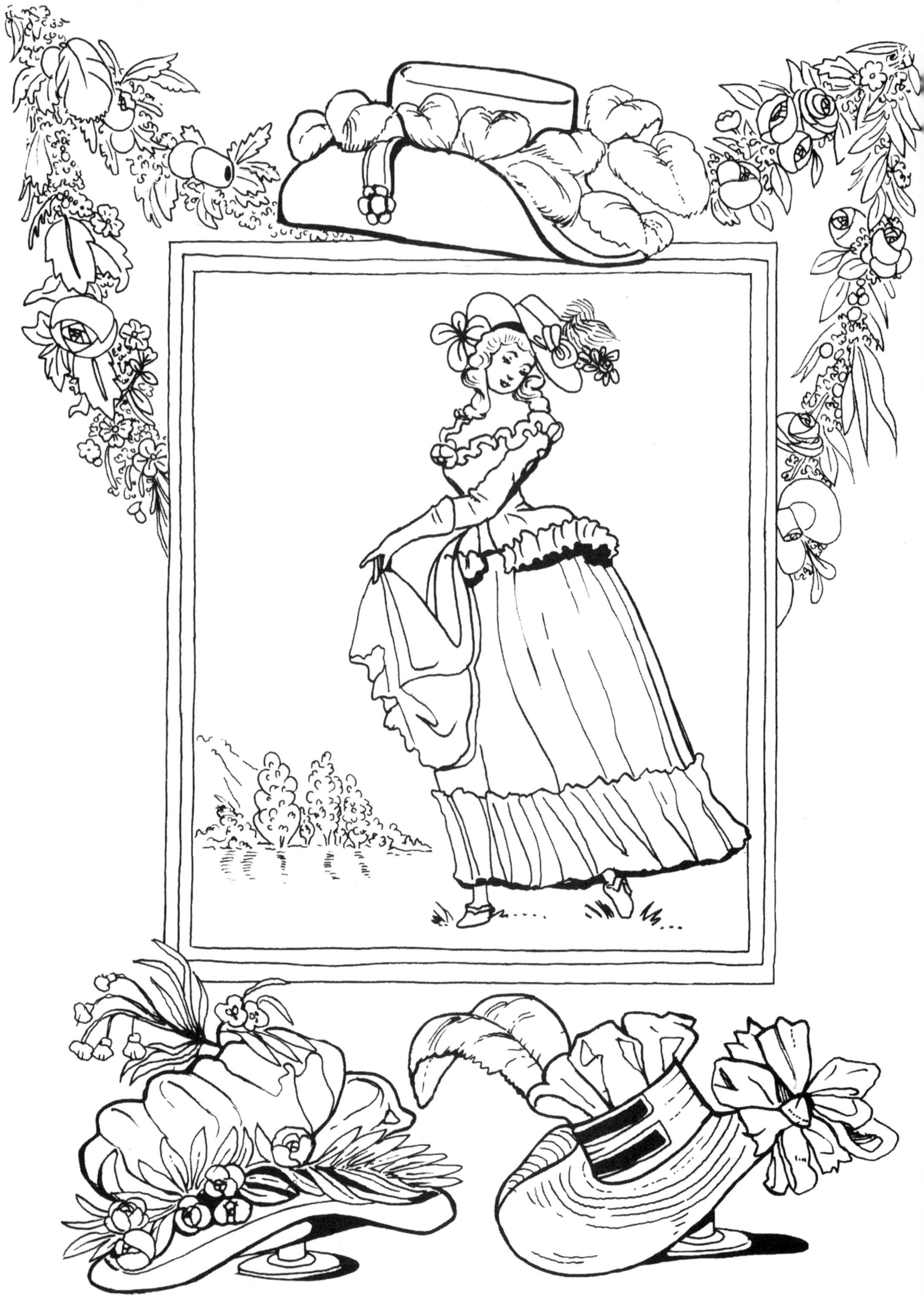

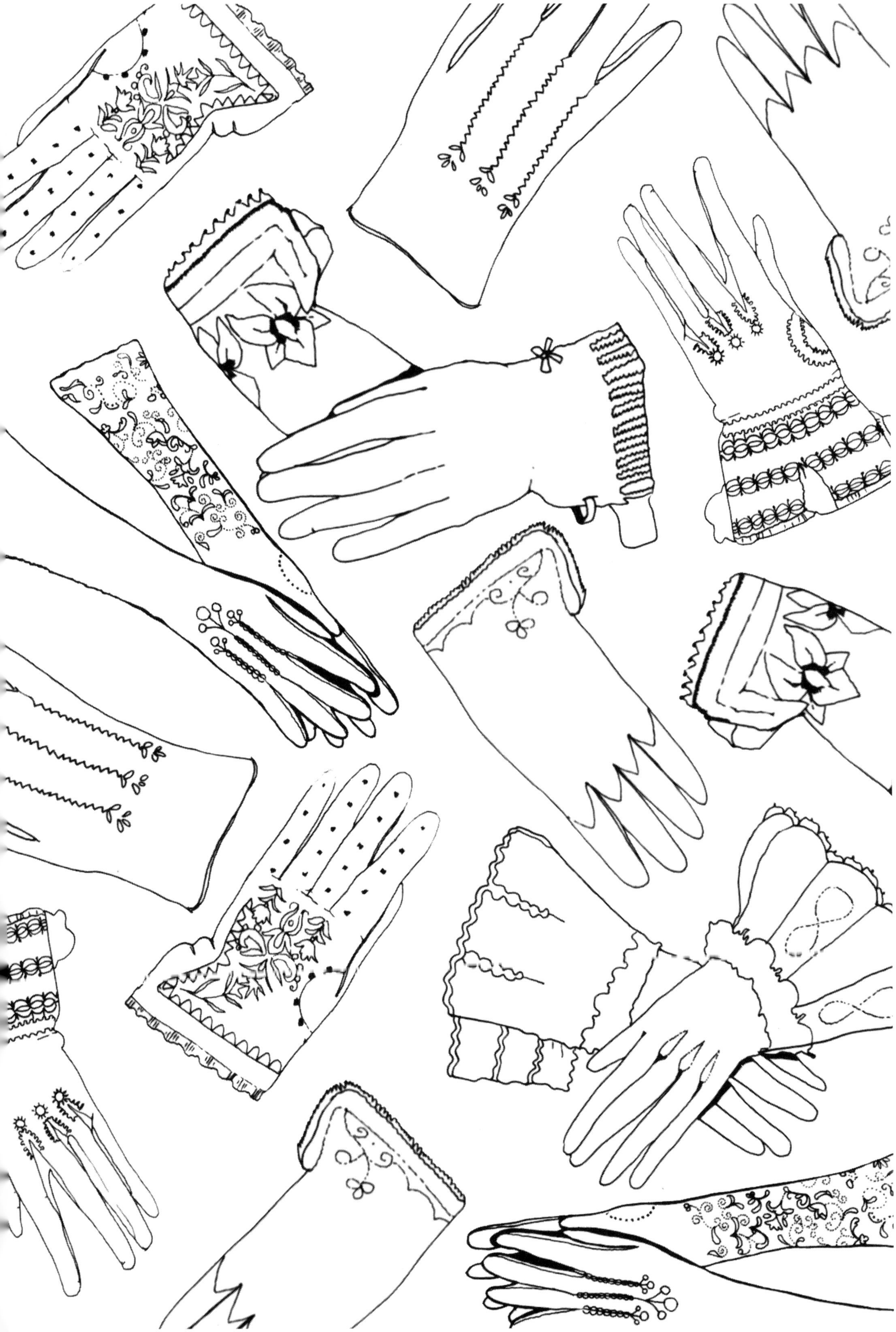

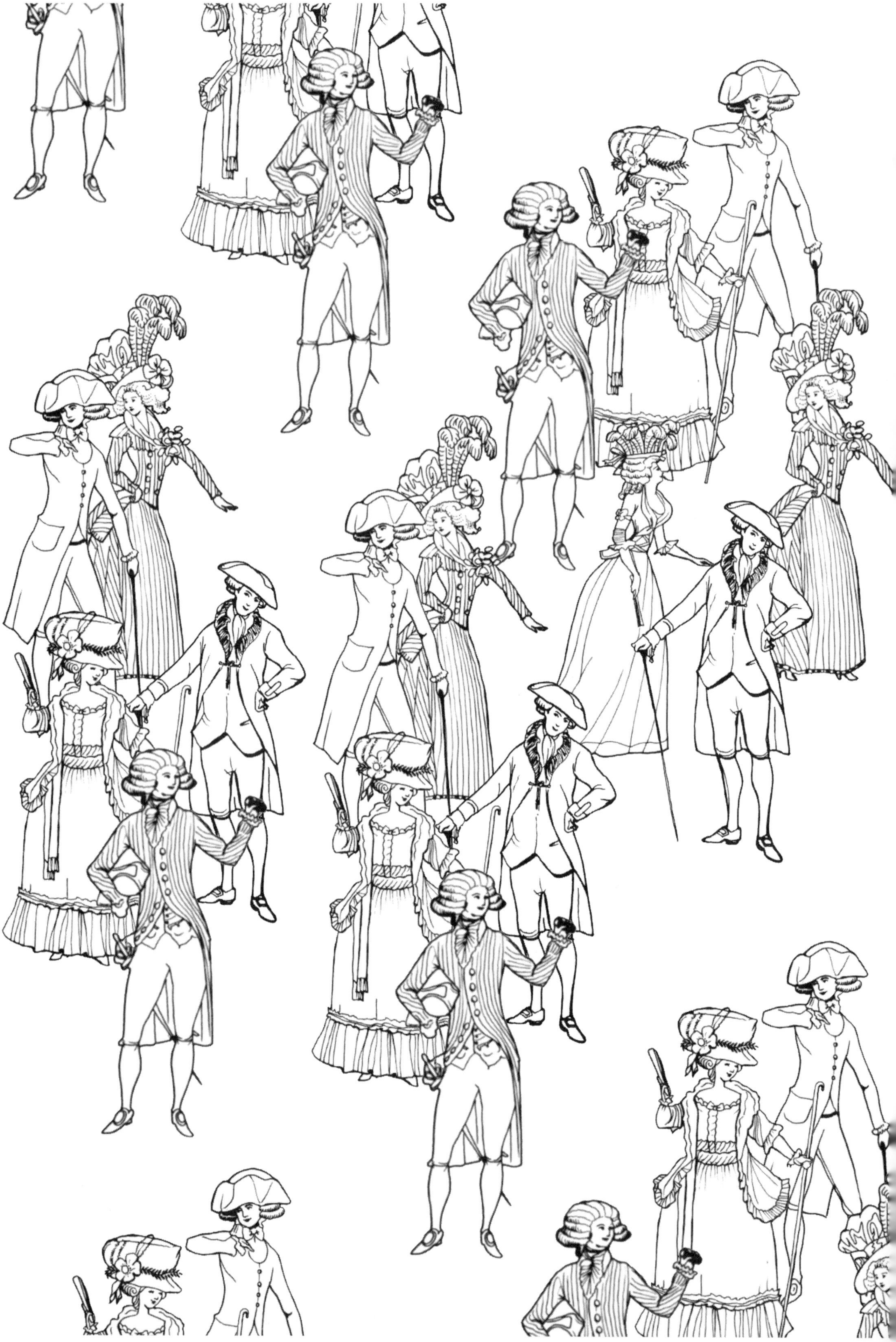

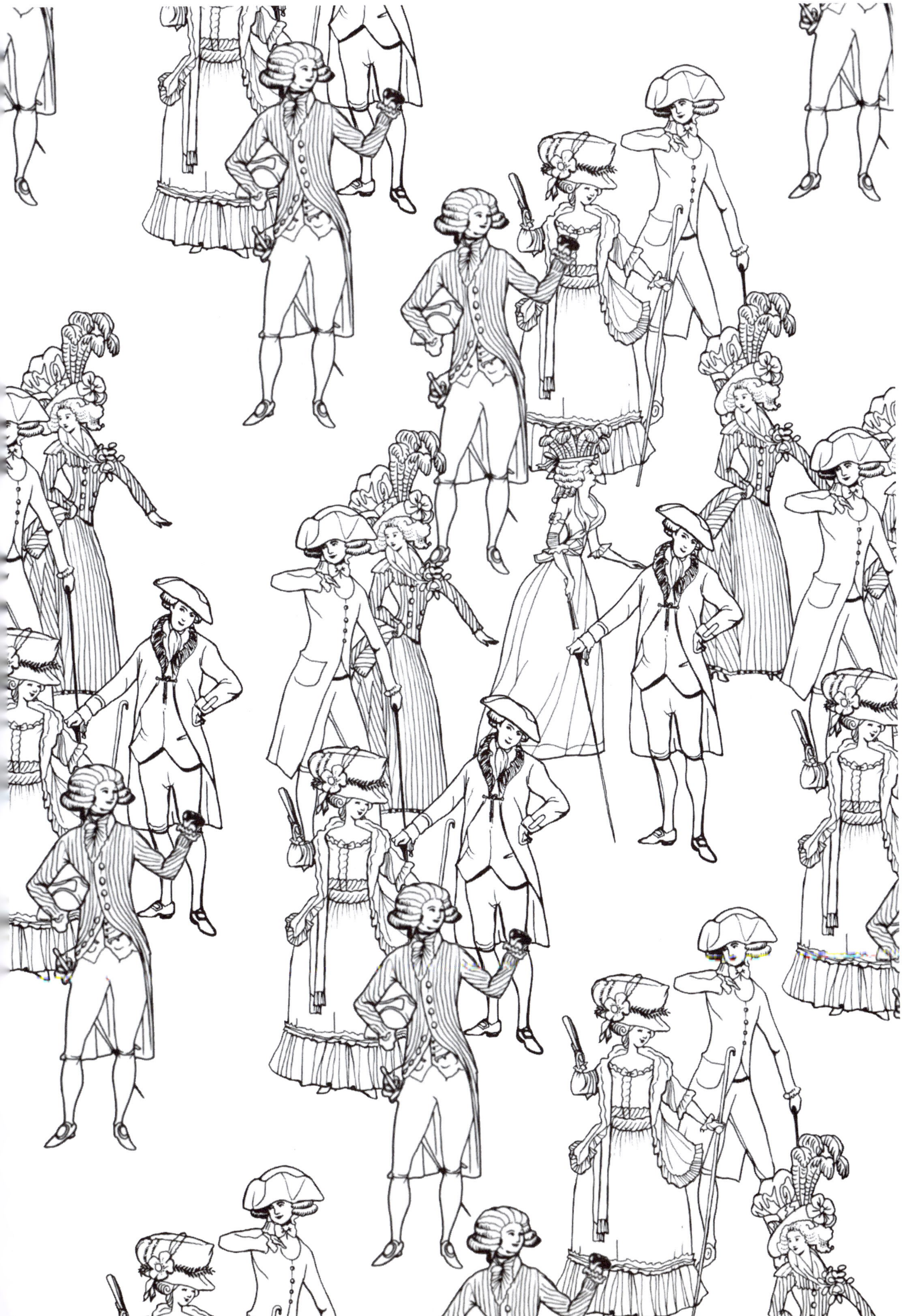

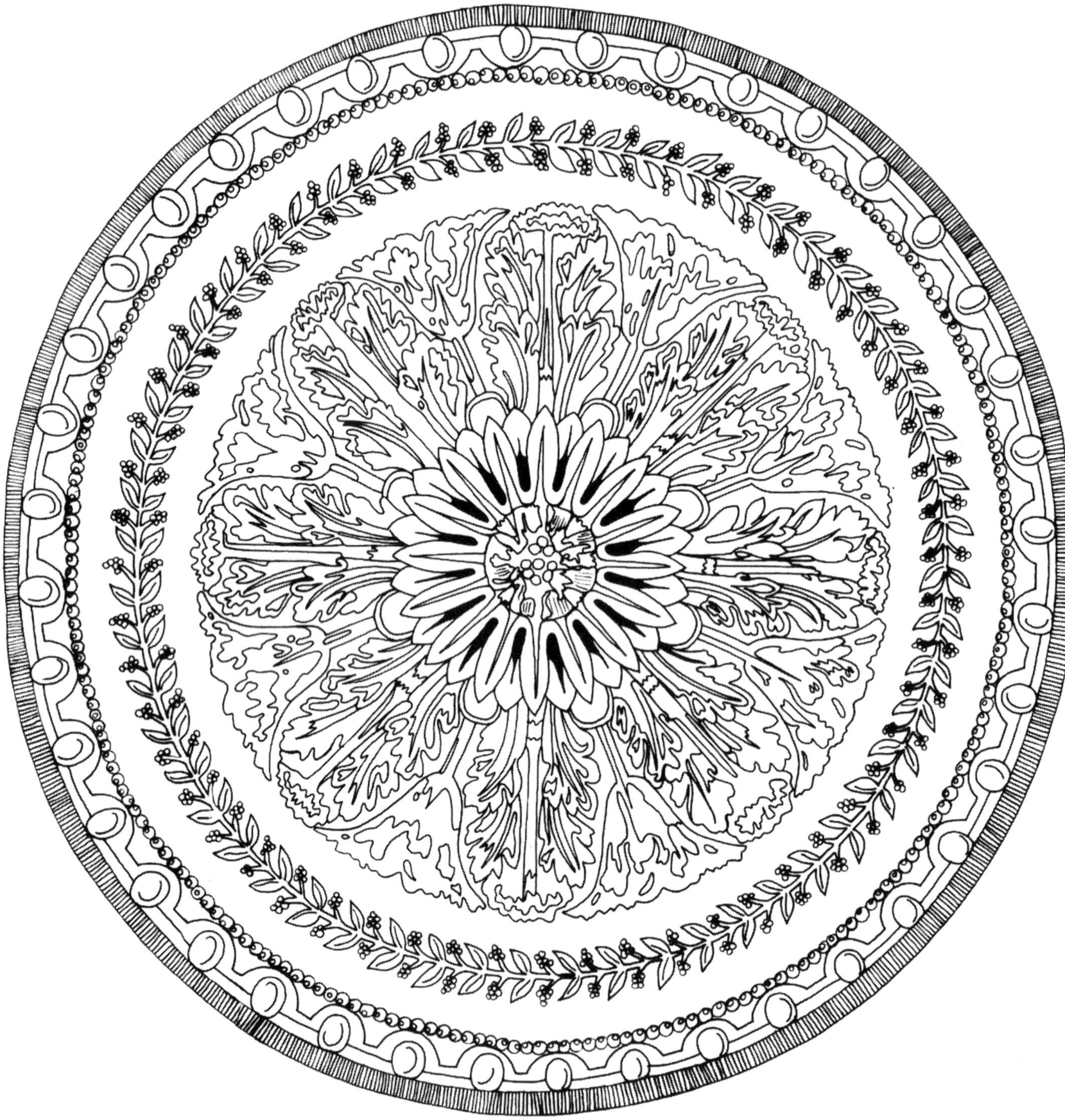

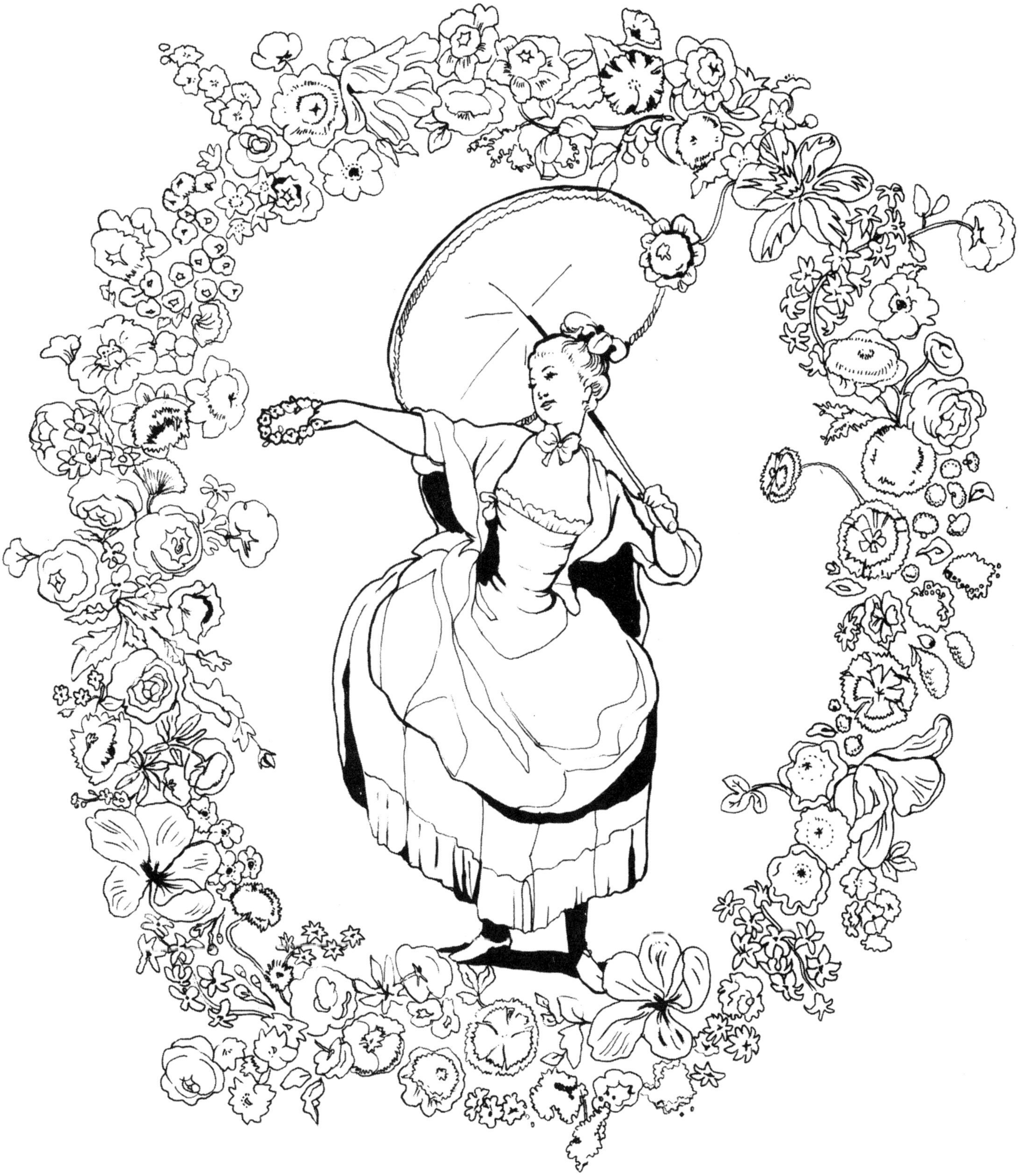

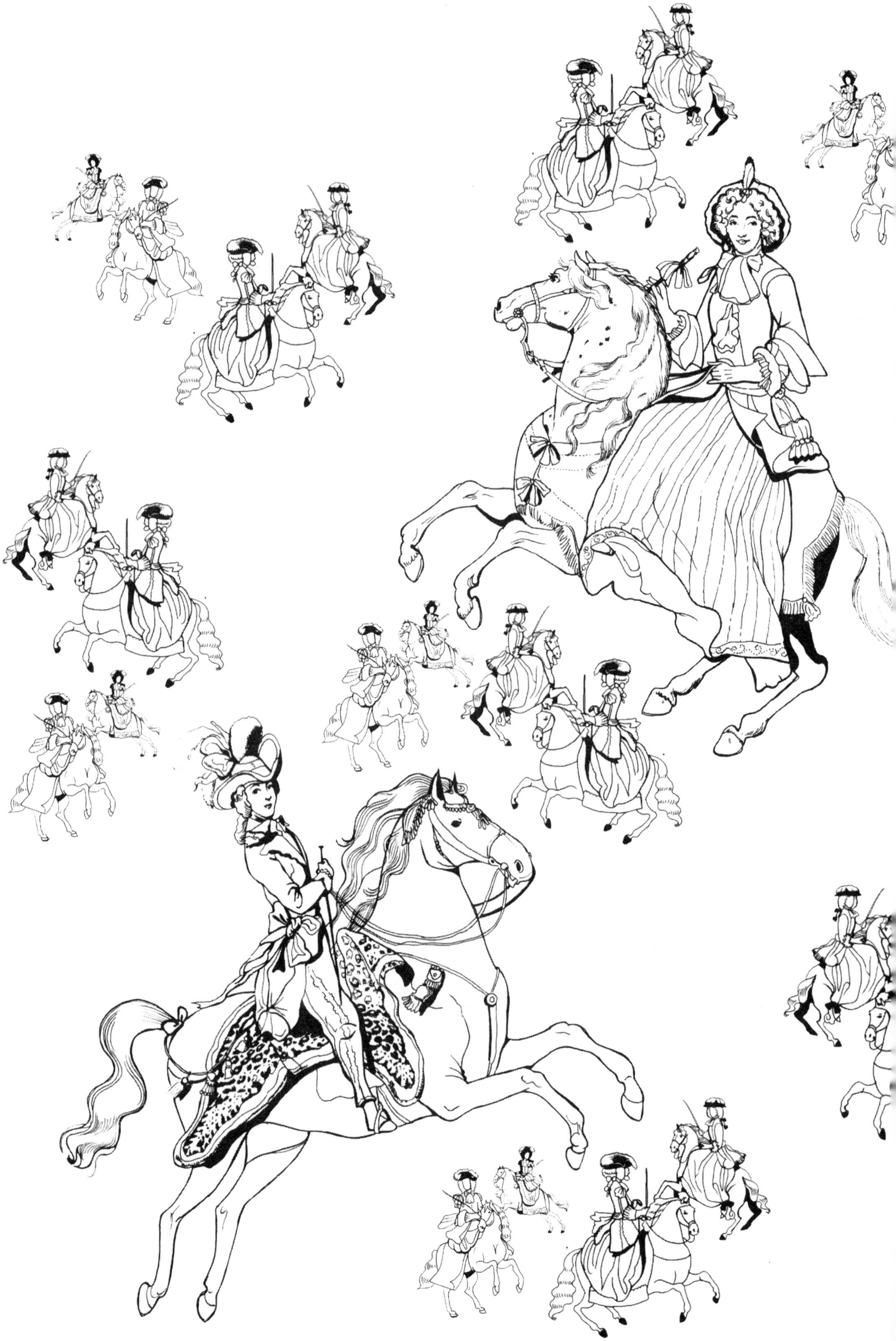

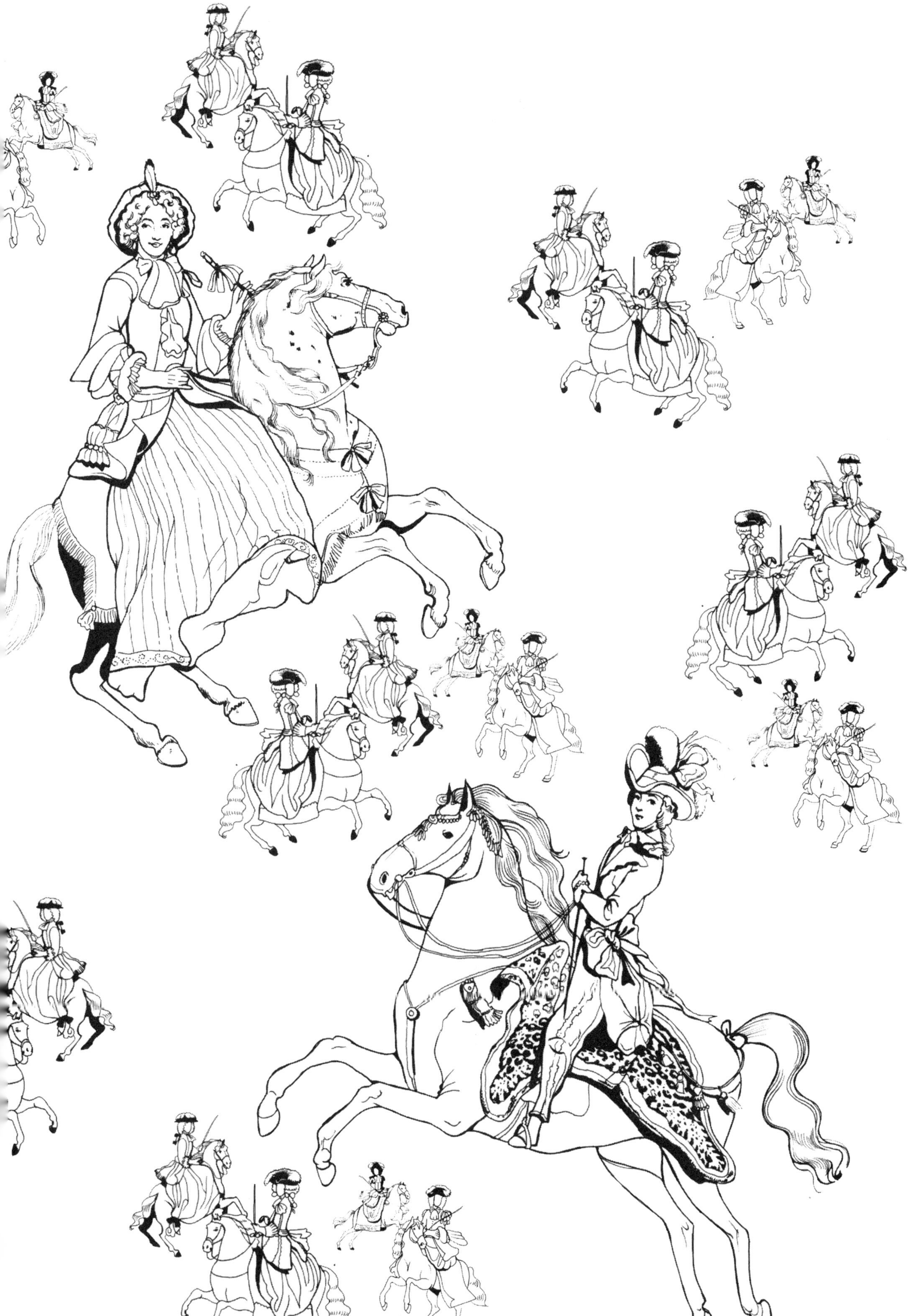

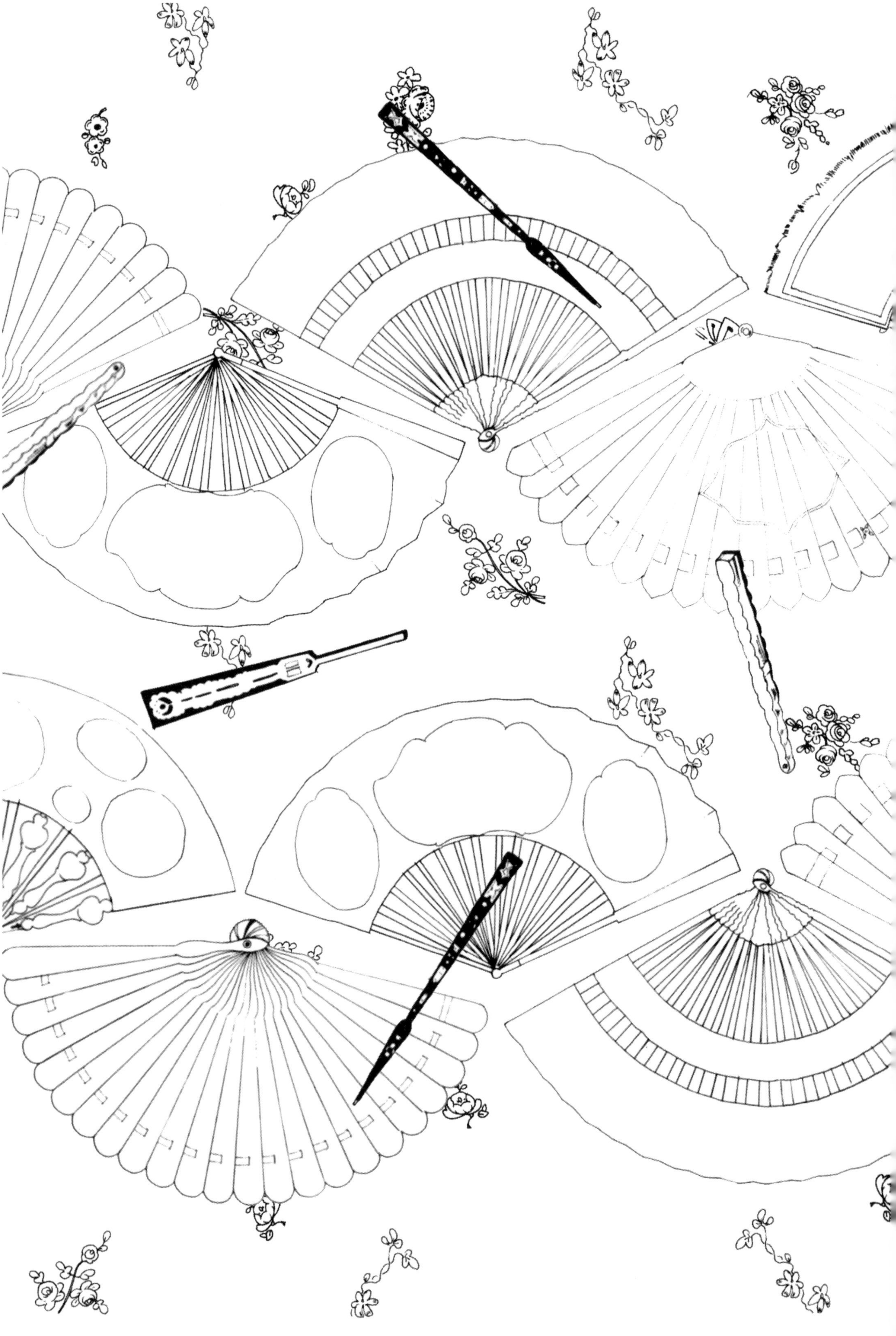

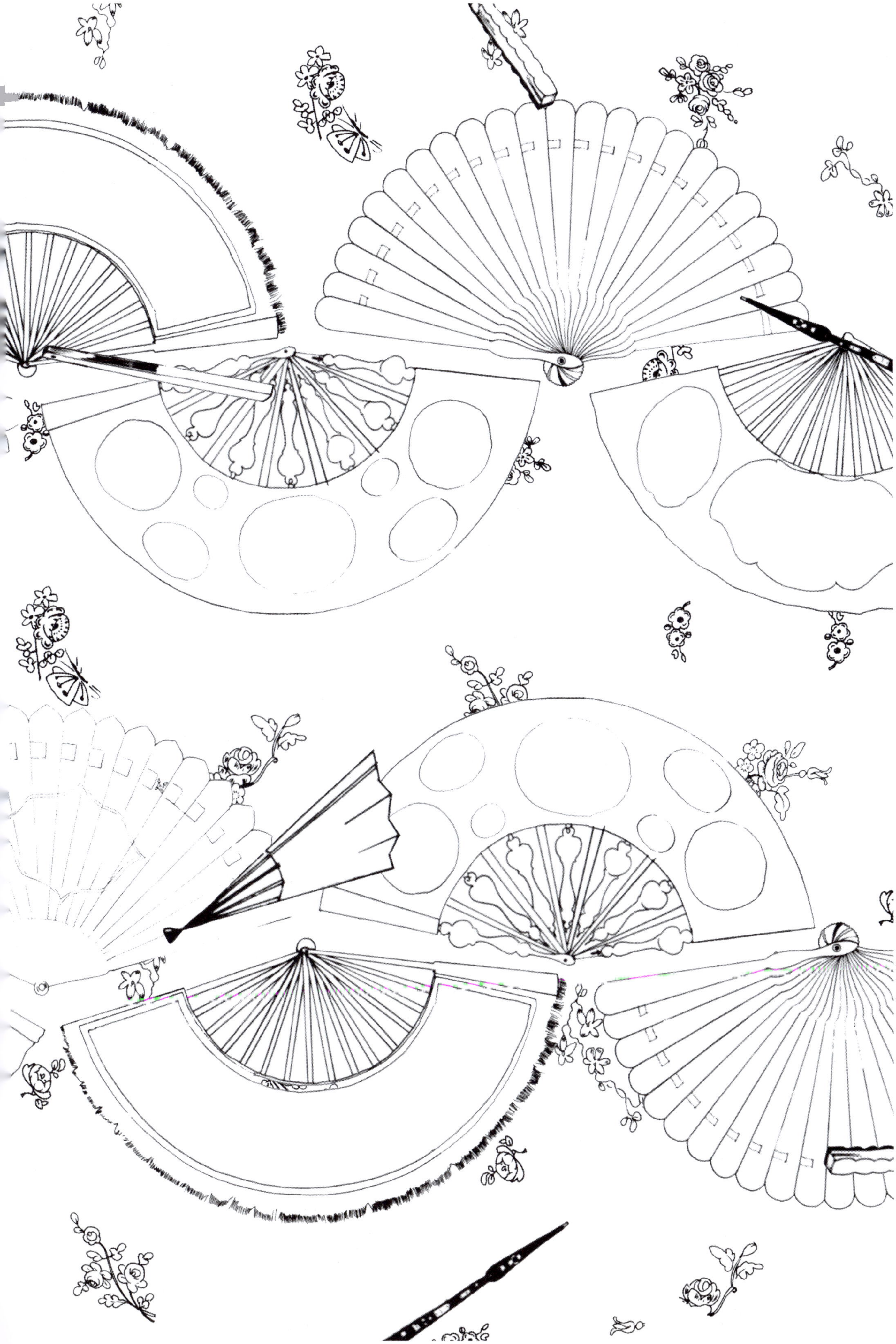

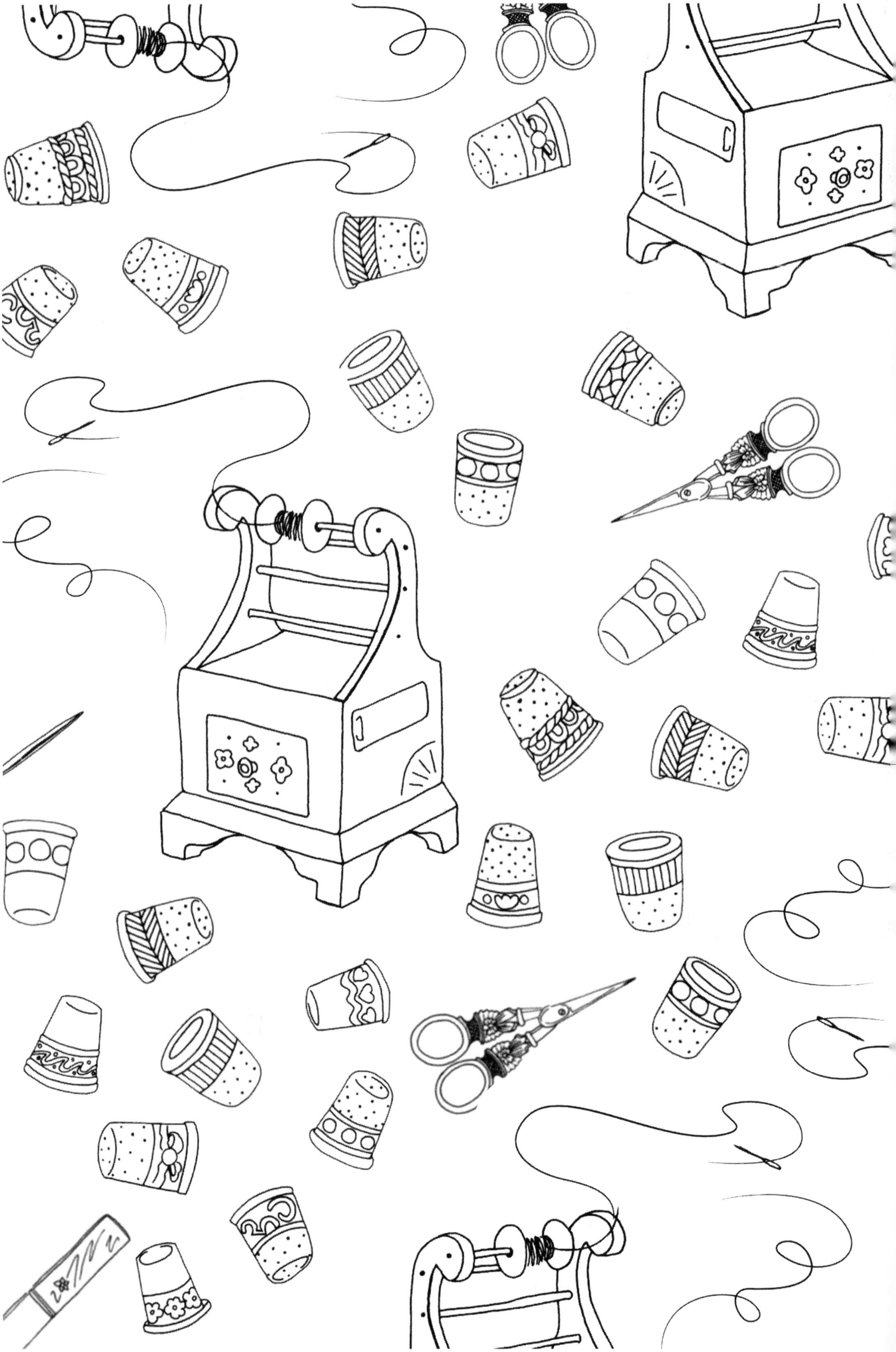

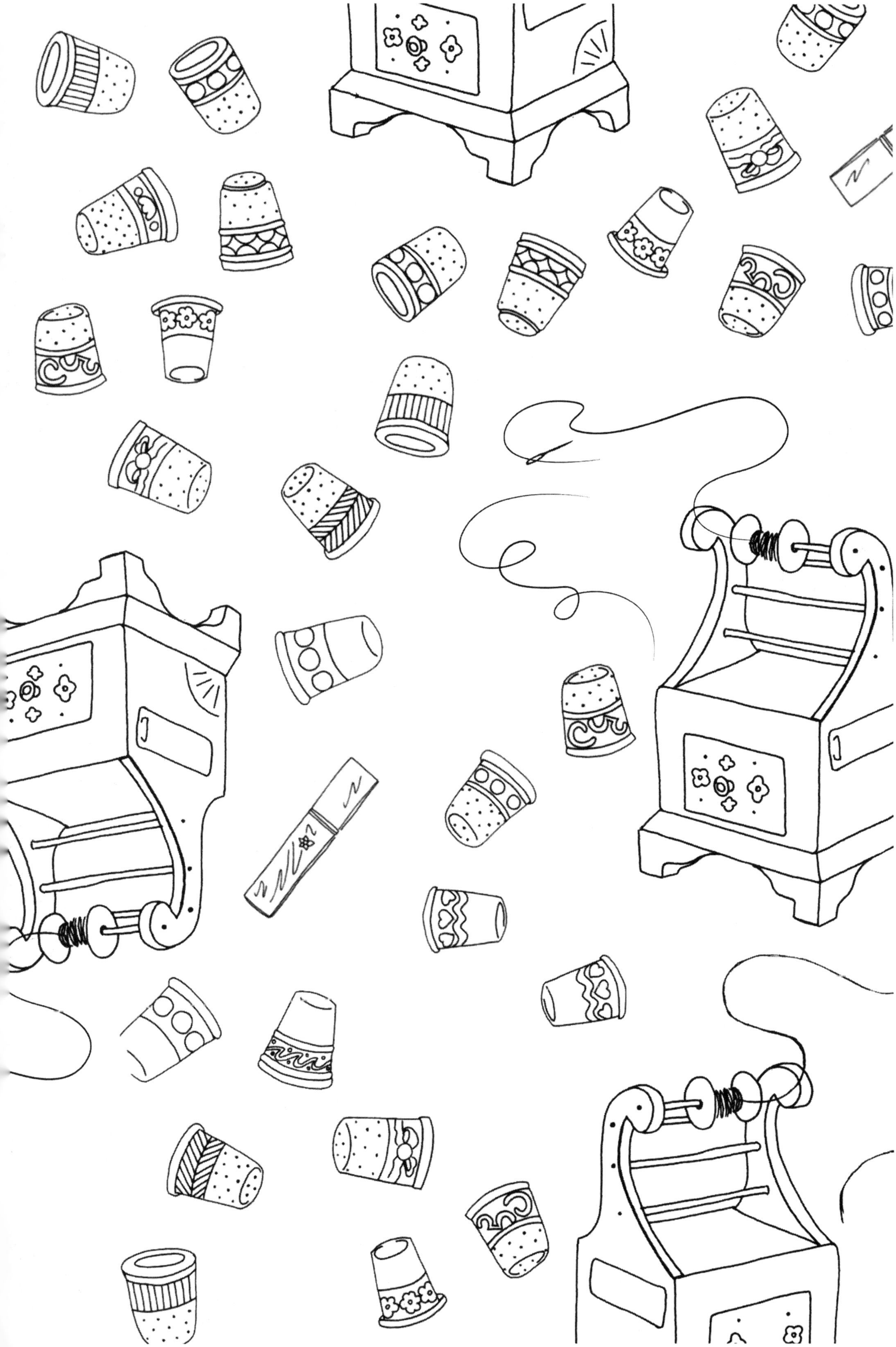

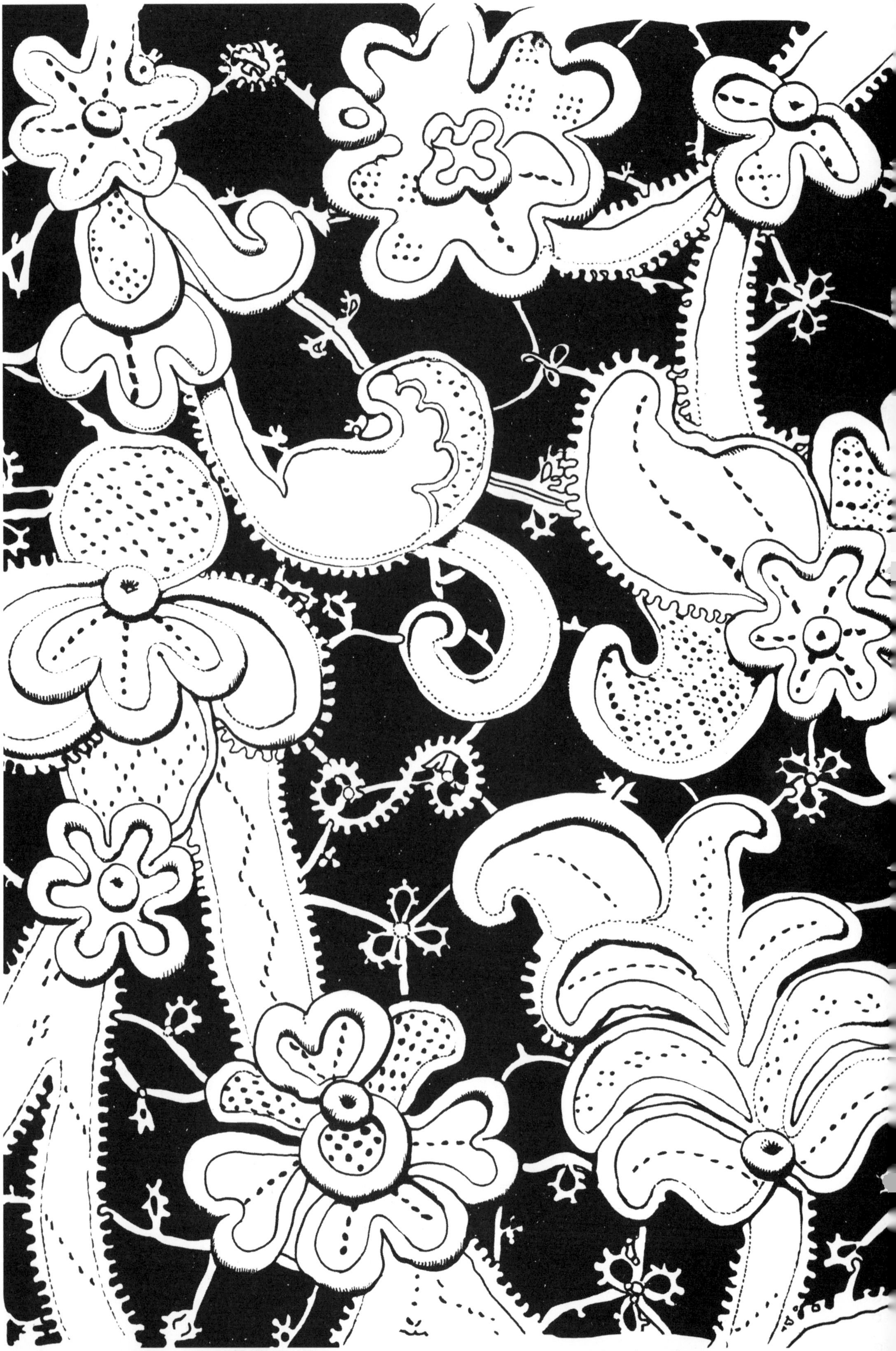

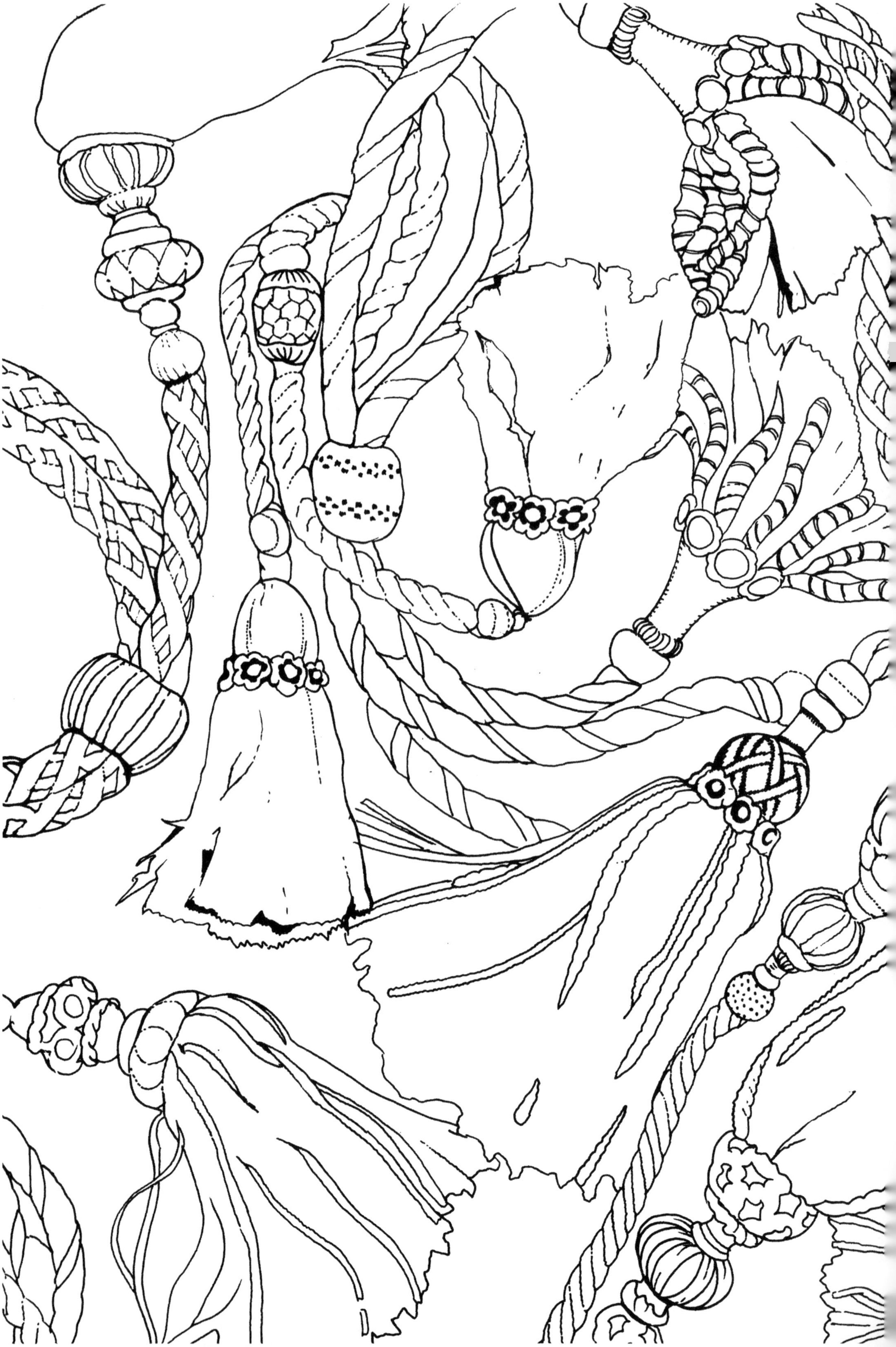

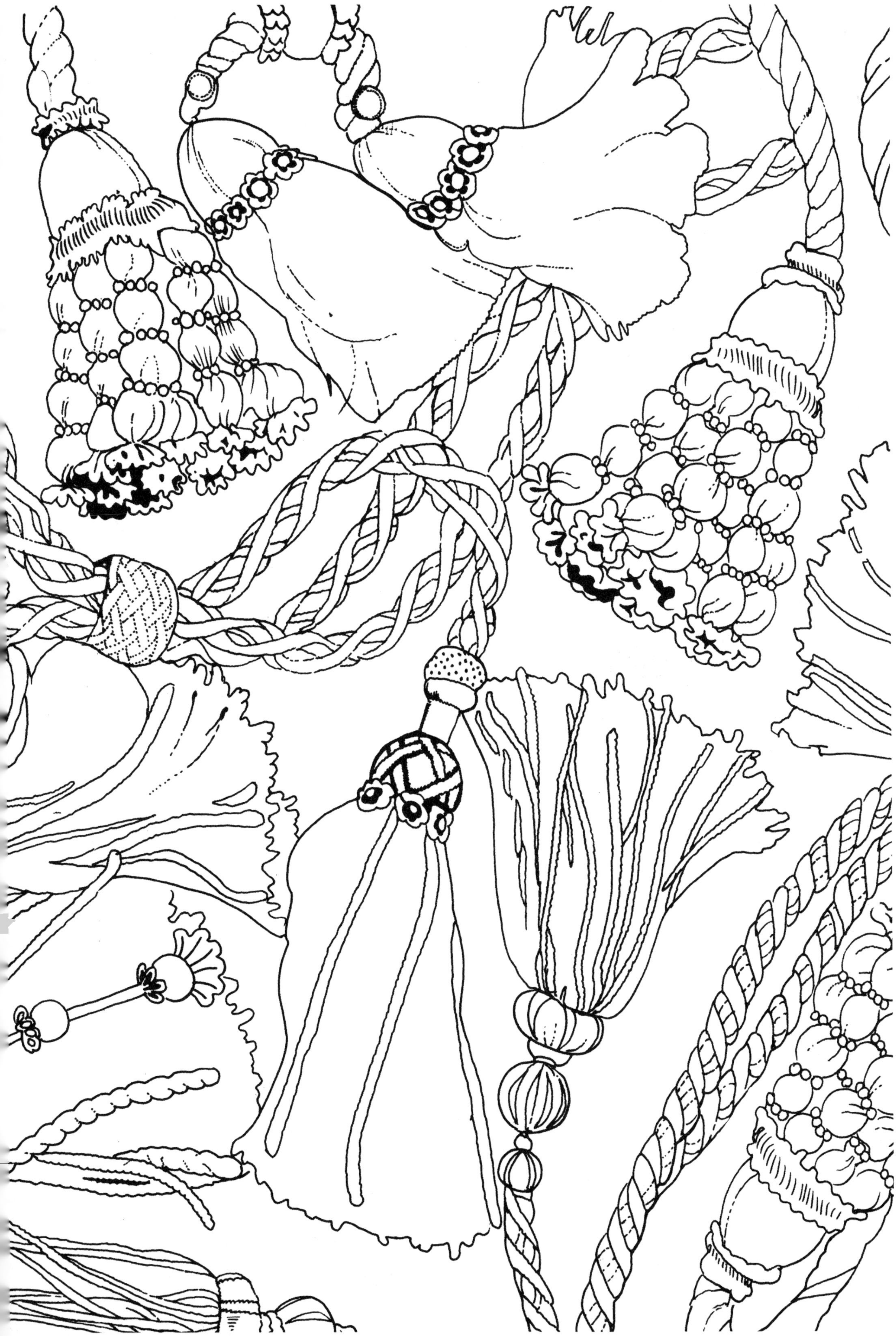

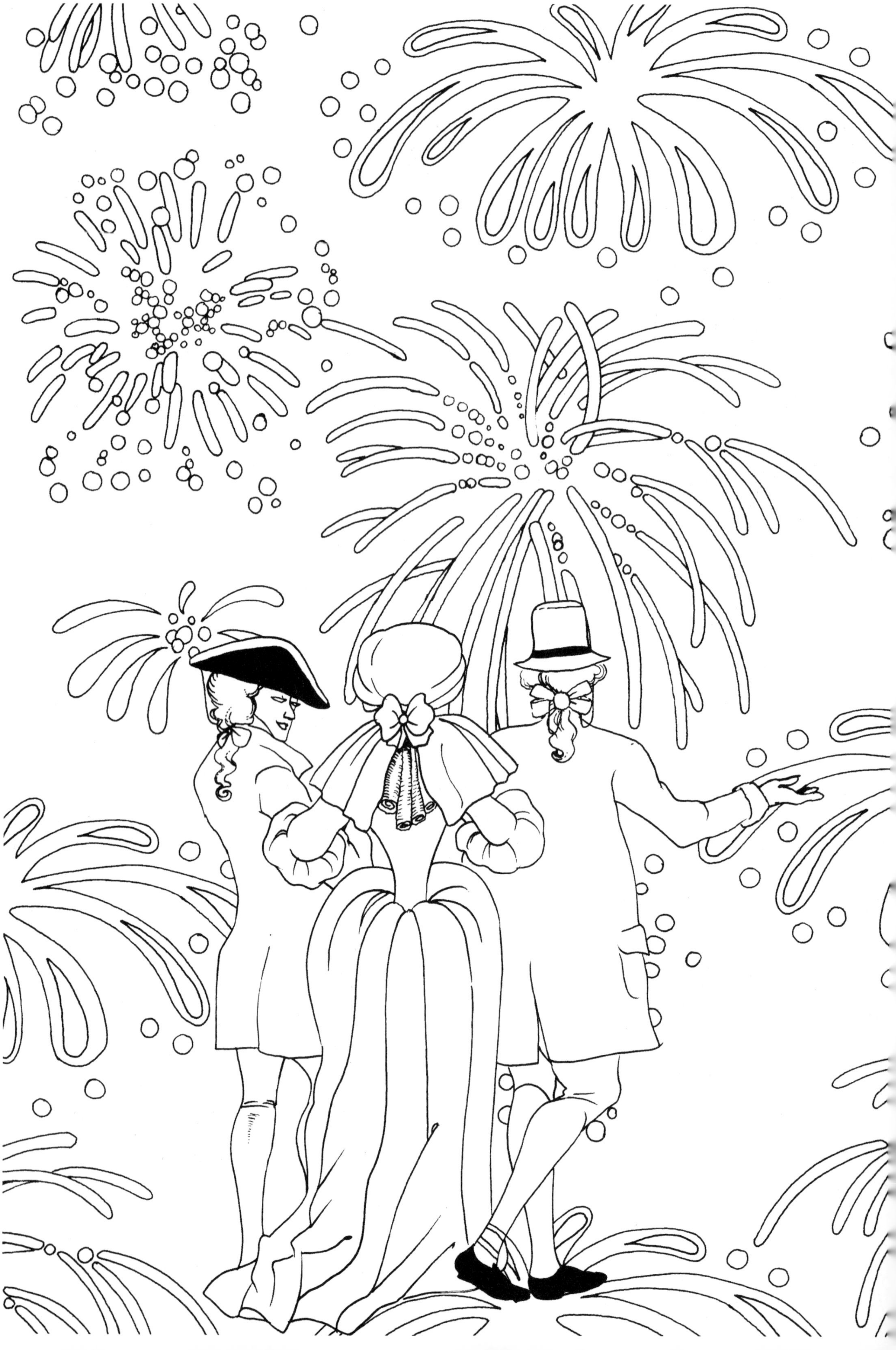

传说

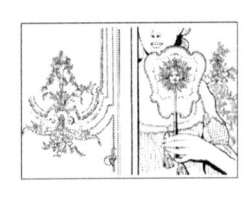

- 凡尔赛的大门
  自由创作

- 年代的锁匙
  自由创作

- 花簇
  出自1883年，勒布兰·韦仁夫人所作的《玛丽·安托瓦内特的画像》

- 交际舞会
  出自1730年，尼古拉·蓝克的画作《跳舞的卡马尔格》

- 装饰花纹
  出自皮特·汤姆孙的《关于室内装潢：风格与时代》

- 躺椅和花色花纹
  出自富奈图书馆的藏品

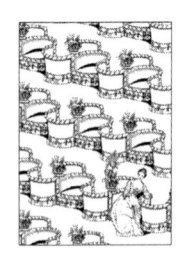

- 椅上忧心忡忡的情妇《对话》
  出自1715年，安托尼·华特的画作《忧心忡忡的情妇》

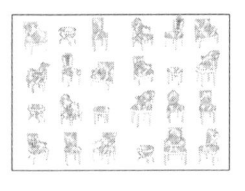

- 路易十五和路易十六风格的椅子
  出自富奈图书馆的藏品

- 阿拉伯式花纹
  出自富奈图书馆的藏品

- 阿拉伯式花纹
  出自富奈图书馆的藏品

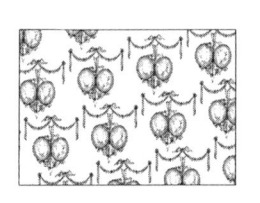

- 爱的徽章
  出自富奈图书馆的藏品

- 草地上的情人们
  出自让·欧诺雷·福格纳的画作《幸福的情人们》

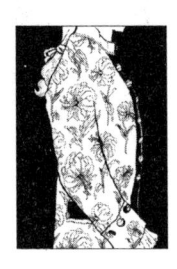

- 男性紧身衣
  自由创作

- 印度风格的法式长裙
  自由创作

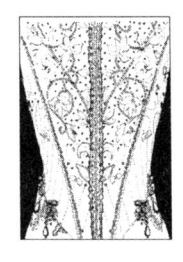

- 绣花的腹部三角区
  出自富奈图书馆的藏品

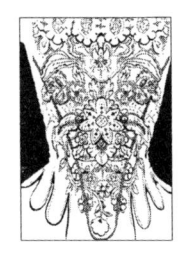

- 绣花的腹部三角区
  出自富奈图书馆的藏品

- 开心的福特纳
  出自1767年让·欧诺雷·福格纳的画作《秋千》

- 框架
  出自富奈图书馆的藏品

- 阿黛奈斯女大公
  出自1760年孩童时期玛丽·安托瓦内特的画像

- 克论比女大公
  出自1760年孩童时期玛丽·安托瓦内特的画像

- 花纹
  出自1774年得法热画室的花纹

- 迷宫
  出自勒诺特的图作

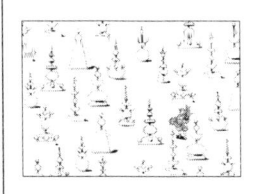

- 孤独的园艺师
  出自富奈图书馆的藏品

- 烛台
  自由创作

- 啊，马卡龙！
  出自佛朗索瓦·布氏的画作集合

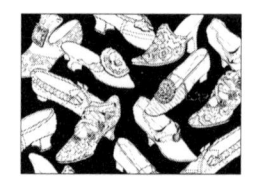

- 18世纪的鞋子
  出自富奈图书馆的藏品

- 扇子
  出自富奈图书馆的藏品

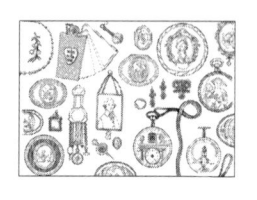

- 珠宝盒
  出自富奈图书馆的藏品

- 勒布兰望远镜
  出自1785年勒布兰·韦仁夫人的画作《莫雷·莱蒙夫人》

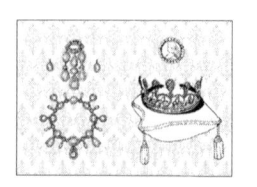

- 玛丽·安托瓦内特的珠宝
  出自富奈图书馆的藏品

- 情书
  出自富奈图书馆的藏品

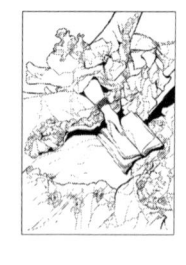

- 爱恋中的蓬巴杜夫人
  出自1759年佛朗索瓦·布氏的画作《蓬巴杜夫人》

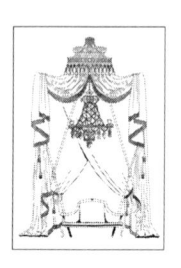

- 昙花帐篷
  出自富奈图书馆的藏品

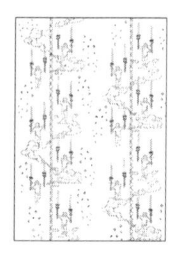

- 小天使烛台
  出自富奈图书馆的藏品

- 王后的村落
  出自18世纪昂热出产的田园风纺织品

- 草莓
  出自束尔蒙和图潘的植物类图书《药用花草》

- 身处大自然的画家
  自由创作

- 女王和她的孩子们
  出自1786年韦木尔的画作
  《玛丽·安托瓦内特和她的孩子们》

- 话梅
  出自富奈图书馆的藏品

- 餐具
  出自富奈图书馆的藏品

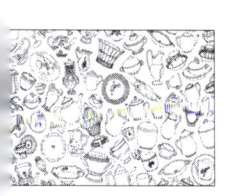

- 疯狂的餐具
  出自富奈图书馆的藏品

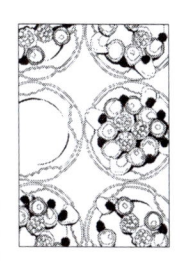

- 自私者的桌子
  自由创作

- 糕点和杯子蛋糕
  出自富奈图书馆的藏品

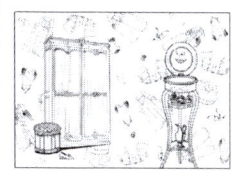

- 短裙和束腰
  出自富奈图书馆的藏品

- 梦想房间
  出自布拉的躺椅

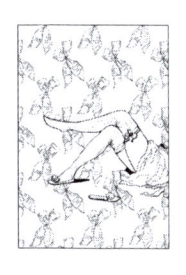

- 性感的凡尔赛
  出自索菲亚·罗兰的电影《玛丽·安托瓦内特》

- 好奇的钟表
  出自富奈图书馆的藏品

- 鸟笼
  出自富奈图书馆的藏品

- 理发师
  出自富奈图书馆的藏品

- 阿拉伯式花色，浴中的女人
  出自富奈图书馆的藏品

- 阿拉伯式花色，香水和贝壳
  出自富奈图书馆的藏品

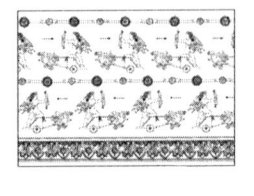

- 古代花纹
  出自富奈图书馆的藏品

- 佩戴羽毛的年轻舞者
  出自富奈图书馆的藏品

- 东方的玛丽·阿黛拉得
  出自1753年让-艾李特的画作《着土耳其袍的玛丽·阿黛拉得·得·法兰西》

- 中国风的纺织品
  出自富奈图书馆的藏品

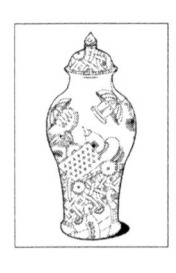

- 花瓶和中国风物件
  出自富奈图书馆的藏品

- 花瓶和中国风物件
  出自富奈图书馆的藏品

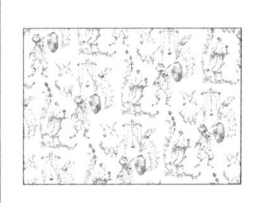

- 猴王国
  出自动物画家克里斯托弗·于艾阿拉伯风格的画作

- 大键琴
  出自富奈图书馆的藏品

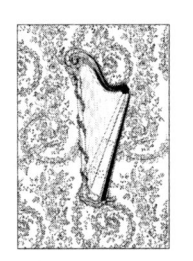

- 竖琴
  出自富奈图书馆的藏品

- 音乐曼陀罗
  出自富奈图书馆的藏品

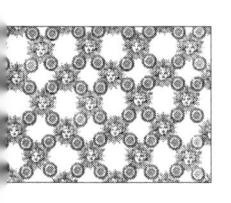

- 贴花和符号
  出自富奈图书馆的藏品

- 玛丽·安托瓦内特卧室的贴画
  出自富奈图书馆的藏品

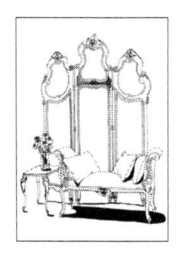

- 屏风镜
  出自富奈图书馆的藏品

- 好奇小屋
  出自1749年伊丽莎白·帕尔马的油画《八岁的简马斯·纳其尔》

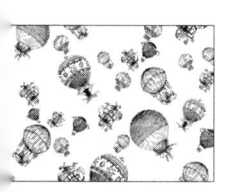

- 热气球
  出自富奈图书馆的藏品

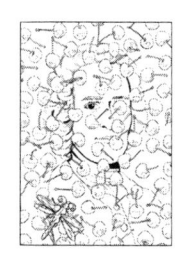

- 摘草莓的卢梭
  出自1753年莫里斯·昆廷的《让-雅克·卢梭的画像》

- 卢梭夫人
  出自1783年勒布兰·韦仁夫人的《玛丽·安托瓦内特的画像》

- 小狗
  出自富奈图书馆的藏品

- 礼帽里的小玩意
  出自18世纪的时尚画廊报

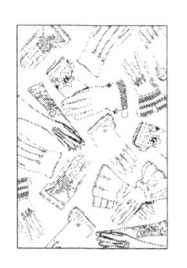

- 手套
  出自富奈图书馆的藏品

- 人群
  出自18世纪的时尚画廊报

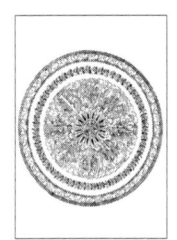

- 古董蔓藤花纹
  出自富奈图书馆的藏品

- 柯尔贝蕾丝花边
  出自富奈图书馆的藏品

- 愉悦的蔓藤花纹
  出自1754年让-安诺得·弗拉戈纳尔的油画
  《加冕的爱》

- 珍贵的图纸
  出自富奈图书馆的藏品

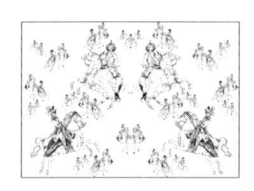

- 亚马逊女人
  出自彼得·米纳的画作《骑马的画像》

- 印染手套
  出自富奈图书馆的藏品

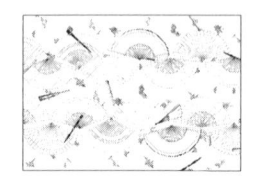

- 扇子
  出自富奈图书馆的藏品

- 烟花的革命
  出自特颇的画作《骑士的仆人》

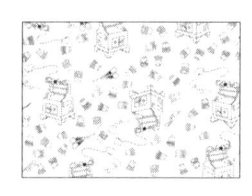

- 服装必备
  出自富奈图书馆的藏品